野草盆栽

林國承◎著
連慧玲◎攝影

野草盆栽 目錄

作者序

道法自然的野草栽培

接觸植物近三十年來，總是對栽培草本植物有種排斥的心理，認爲既已對盆中植物下了一番心血，它們就該按我們的要求達成某種體態，並且還該長久維持下去，但年過五十才突然驚覺自己的人生早已過半，若自己都不是恆久的長青之身，該有權力、能力來要求植物也要違悖常理嗎？

早年一味搜尋外來的稀有品種，竟忽略了身旁就有許多不曾注意的優良本土植物，年輕時想在植物上施予各種園藝技巧，展現高人一等的功夫，現在想來也覺得可笑，或許歲月眞是最好的教師。

草本植物壽命雖不長，但在短暫的時間內卻有完整的生命歷程，它們的外型線條不易由人控制，然而展現的風姿也已不需人爲操弄。本土植物取材方便，有著濃厚的親切感，再加上早已適應這裡的環境，又哪是外來植物可以相比？近年來接觸本土野生植物愈見頻繁，也愈能領略它們的美，希望能藉著這本書，把我的經驗，我的喜悅與所有喜歡植物的朋友們分享。

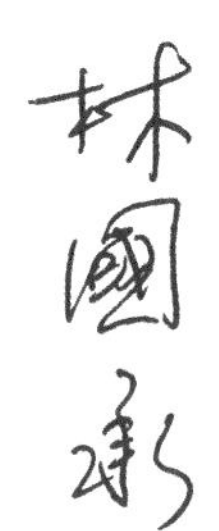

十步之內必有芳草

在花市中看到擺在地上待價而沽的山採老樹頭，總是讓人痛心，爲了滿足老樹速成的心理，賣家深入山林，挖掘老根。然而，盆景眞的必須如此栽植嗎？第一次看到林國承先生的作品，悶了許久的疑問，自然解開了，林國承的盆栽，就是有著說不出的自然天成，就像明代書畫家徐渭所說：「從來不見梅花譜，信手拈來自有神。」我想他是喜愛自然，深解植物語言的人。

林國承雖然大隱於市，三十幾年來卻毫無間斷地，每天天一亮就出發，一個人在陽明山上自己的農場裡「上班」，更難得的是，農場裡的許多植物都是由各處撿回來的種子播種繁殖，或是由小枝扦插，小小一盆，往往已經照顧了一、二十年。他從不使用鋁線纏樹，認爲不自然，不過他自有讓植物生長的各種方式，長年的相處，他了解植物，熟悉它們的各種需求與生長，正因如此，才能如徐渭的後兩句「不信試看千萬樹，東風吹著便成春」。

農場裡千百盆植物都像他的家人，每一株的高度多少，幹圍多粗，換過幾次盆，盆高幾公分，他都如數家珍，他說：「我的腦子就是用來記這些的。」他的許多種植心得，本書都將詳說，就先表過不提。

蒔花植卉是許多人的興趣，盆景卻往往被認爲有些難度，不敢跨越。其實，了解植物並不難，用心加上經驗，就能累積功力，當然，閱讀前人的經驗，就如園藝作業中的壓條法，更能嫁接專家數十年的功力，如果你還是對自己沒信心，就從身邊的野花草開始吧！

古人所說：「十步之內必有芳草」，一點不假，如果你剛吃完一顆芒果，或是橘子、龍眼、荔枝都行，吃完後，收拾種子，就可以擇期播種，種一棵果樹盆栽、甚至果樹森林。遇到有人除草砍樹，剪幾段細枝也能回家扦插，許多珍品的分身，就靠這門簡單的技術。若遇工程整地，可先行搶救鍾意的野草回來。如果發現被丟棄的盆栽，也可以撿回家，試試你的妙手回春。其實，園藝素材又何須一定要到花市尋寶，有時，自家花盆裡，風、鳥帶來的種子，在盆裡長成了「雜草」，收起欲除之而後快的衝動，稍微料理，移入新盆，從偏房迎入正室後，這些雜草就會展現意想不到的風姿呢！

當你眞能領略「十步之內必有芳草」後，你會發現到處都是寶，以爲大自然當眞取之不盡，用之不竭，這時必須注意的是「弱水三千，只取一瓢」。作者在書中特別強調，個人的能力有限，野外採集時，擷取自己能夠照顧的數量即可，尤其，在各保護區內，或是面對保育植物，都應嚴守分際，一介不取。園藝是「美」的從事，從養心爲美開始，方能投射出具有氣質的作品。

嘗試種植野草，除了滿足園藝喜好外，還能對野生植物的生長狀況做觀察，傳統的盆景作業，很少取材草本植物，因爲花草的四季變化太大，尤其一年生花草，更不宜修剪，對於專業者而言，既無挑戰性，又沒有能夠長期悉心培育的成就感。然而，許多花草的葉、花、果實，例如綬草、夏枯草、耳挖草等都非常具有觀賞性，即使只能作爲短期欣賞，也值得用心栽培。

多年生的木本植物，是造型的好材料，也最能考驗能力，值得長期投資心力，如能獲取本書的技法，累積自身經驗，便能上手，但要盆景格調臻於上乘，對大自然的觀察領會與美的涵養，才是不二法門。

本書的製作過程長達兩年，感謝林國承先生在此期間容忍編輯的一再打擾，不斷提供作品，且不厭其煩地示範各種步驟解說。此外，配合編輯工作兩年的攝影師連慧玲小姐，她要求完美、熱情投入的工作精神，尤其令人感佩。爲了讓書中盆栽具有居家擺飾的氣氛，我們努力尋找鄰居朋友美麗的住家做爲拍攝背景，也獲得他們的慷慨提供，能成就此書，眞是諸多感激。

最後要謝謝黃世富先生，協助書中許多植物的鑑定與學名確認。

第一章◎取材與繁殖

野外採集

想要擁有植物，除了購買、獲贈，恐怕就是野外採集了。從生態保育觀點來看，採集似乎隱含了破壞自然的可能，其實只要謹守原則，就不用擔心對大自然造成影響。

種子採集

採集種子是最自然的野草取得方式。多數的野生植物也是靠種子繁殖，採集時要以不破壞植株為原則。各種植物的體型大小、種子型態都不盡相同，高大的樹在安全無虞的情況下，或可爬上摘取，或使用傘柄、登山手杖勾低枝椏也行，若尋找地面自行掉落的則更輕鬆。雖然低矮型灌木草花的採集容易得多，但有些果實成熟後很容易爆開，種子也會隨之飛散，採集時可用塑膠袋小心地將果實罩住，束緊袋口後，剪斷果柄即可。採集後必須依種類分別盛裝，並立即貼上植物名稱，免得弄混或遺忘了。

（青楓）

野外到處看得到成熟的果實，果實中的種子正孕育著無數野草的生命。（夏枯草）

掌握採種時機

採收成熟的種子才能提高發芽率。一般草花在開花後約一個月，種子就已成熟，木本植物則需開花後約兩、三個月或更長的時間。判斷種子是否成熟並不難，果實膨大轉褐色或因熟透而開裂時，就是採集的時機。

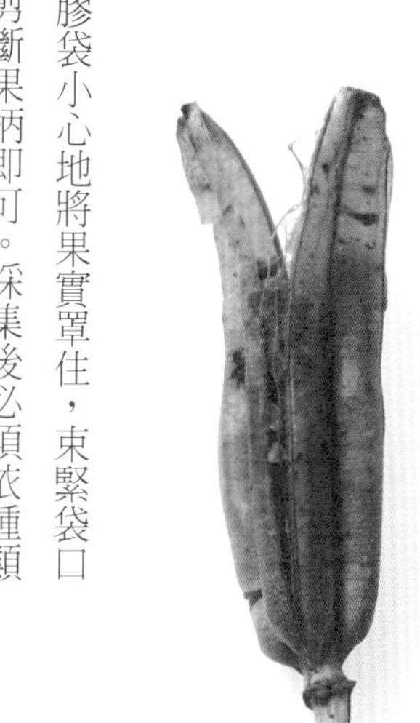

（百合）

枝條採集

大多數的植物都可用扦插法繁殖，採集枝條並不會傷害植株。剪取枝條可選擇擋住道路的，可能絆到腳的，可能撞到頭的。善於利用自然的人，在採擷時，也能替環境稍作整理，一舉兩得。

木本植物的插穗採集，要剪取已成熟的新枝，也就是今年新發出的枝梢，但顏色已變深且硬化不再軟嫩的爲宜，長度約在30公分以下，長了不易攜帶。

剪下枝條後，先去除尖端最細嫩的一小段，若葉片較大，也要先把葉片剪去一半，然後取一小團濕潤的報紙包住下方切口，以橡皮筋束緊，再以噴霧器把這些枝條的葉面葉背都徹底濕潤，最後用濕報紙包覆，放入塑膠袋中。

要盡量保留能裝入背包的長度，若預先剪成小段，雖易於收納，時間長了卻會增加脫水與感染的機會，因此，等回家後扦插前再分剪才好。

草本植物的枝、莖、葉較柔軟，採集時，不妨攜帶一個輕質的塑膠盒或保麗龍盒（像是超市中盛裝冰品的容器），先在盒底鋪層濕報紙，放入枝條後，噴些水，上方再覆蓋一層濕報紙，不要擠壓並以不超出盒外爲原則。

剪取藤本植物時要特別注意，藤類植物通常是繞著其他植物或攀爬岩面生長，有時會出現某部份線條扭曲奇特的現象，如果只爲了從中剪取一小段，前端長長的一大串就會全部枯死，不可不愼。

以濕報紙包覆採集的插穗或苗木，再置入保力龍盒或塑膠袋，就具有極佳的保濕效果。

採集樹幹下方長出的新枝來扦插，不但成活率高，將來養成的樹型也比較好看，是很理想的扦插。

苗木採集

採集苗木會影響自然環境嗎？若觀念正確與適度適量，並無傷害。採集小苗不一定需往郊野，市區中就有許多可供利用的資源，例如綠地、綠籬邊、大樹下、公園中，都有自行落果而萌出的小苗。人爲除草、行人踐踏、雜物掩埋、日照不足、過乾過濕等條件，都將使它們難以存活，若能帶回家，在另外一方天地開花結果，也算功德一件。有些野生環境中的小苗，實際情況也差不多，能夠順利長大的樹，恐怕千中也不得一，了解生態環境後，選擇生長在易遭踐踏的山徑、溪流沙洲、落石坍方、即將開墾……等不可能繼續成長的幼苗，也就綽綽有餘了。若在國家公園，或自然保護區內，無論如何，請勿動手，遵守法令還是第一要件！

採取小苗，只要一把小鏟子就夠了，先提住苗木的中段部位，鏟子插入苗木下方撬起即可。要注意，別提在靠近土面的莖基部，這樣容易使樹皮脫落而枯死；另一方面，剪短苗木後，新芽常會由基部發出，弄傷樹皮會影響萌芽狀況。

掘起的苗木，先剪去最尖端柔嫩的一小截，以報紙捲起放入塑膠袋內。若碰到較大的苗木，根已深入土中，可用小鏟子將基部周圍的土挖鬆，再用剪刀將直根剪斷，只需留下幾公分長度；過長的根，在入盆之際終究是要剪除，如果硬要完整挖出，不但耗時費力，還會破壞地表。必須挖掘才能取得的苗木，必定已有了相當高度，既然已剪除直根，也要減輕上方的負擔，若有明顯的芽點或節，就留下兩三節的長度，將上方剪斷；若無明顯的節或芽點，留下約十公分的長度就行，通常枝幹與根保留的長度比例約爲二比一。

取得的苗木，若根系的土團脫落，可用噴霧器噴濕，再以報紙捲起收入袋中；若還帶有土團，則以報紙摺成杯狀，置入後，噴濕再盛入袋中。挖取苗木時，可順便帶回一些植株附近的土壤用來種植，不過，因爲取回的苗木越快入盆越好，最好在現場先將土中雜物如石塊、樹枝、枯葉、雜草等挑除，才不會回家後增加上盆的時間。上盆後先放在半陰處，待新芽長出再移至理想地點。自行萌發的苗木通常都相當強壯，成活率高。

採集苗木與枝條宜避開夏日，即使春秋兩季，也最好選擇陰天。

自然環境中，常見大樹下冒出許多小苗，尤其在春天，去年落下的種子已發芽生長。這些有母樹庇蔭的小生命，其實很難有充足的日照，經常也會被當作雜草剪除，不妨直接移植到培養盆中栽培。

繁殖技法

播種——最自然的繁殖法

看著種子發芽，漸漸抽枝長葉，近距離觀察它們的生活史，冥冥中進行著生命的關懷與欣賞，是栽培野草最令人感動的事。

播種又稱爲「實生法」，屬於有性繁殖，有別於扦插、壓條、嫁接、分株等各種無性繁殖。母株經由受粉與父系結合，孕育出結合父系優缺點與特性的果實，萌芽後也傳承了前代基因，正因如此，以播種取得的苗木，通常被稱爲「正木」，而以其他方式繁殖的苗木，就無緣享此美名了。

然而，看似簡單的播種，仍要有點技巧，因爲有時播了種卻不發芽，有時發芽後很快就凋萎，或者成活了卻又長

播種與育苗方式（青楓）

1.盆底孔鋪上網後，將較粗粒的土置於底部，約2公分厚，再把較細粒的土鋪至約盆深三分之二的高度，就可將種子點播於土面。

2.在表層覆蓋薄薄一層土，將種子完全蓋住，並充分灑水。

3.播種後兩個月，已長出數枚本葉，可以進行移植。

4.小苗可一一移植到單獨的盆缽栽培；也可直接合植在觀賞盆中，創造小小樹林的樣貌。

5.搭配青苔作爲林下植被，更能增加美感。

細小種了的播種（楓香）

輕敲或揉搓果實，取出細小的種子。

極細小的種子很不容易均勻鋪於土表，可與細土混合攪拌後再撒佈盆面，並不需要再覆土。

澆水時爲怕將種子沖出，最好以盆底吸水的方式。

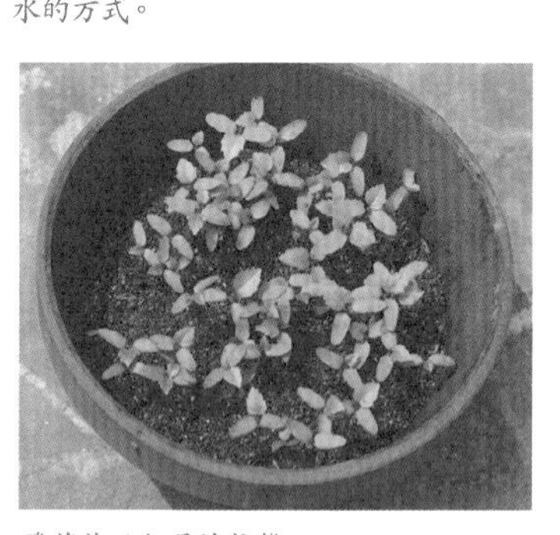
發芽後兩個月的狀態。

不好；這當中可能的因素頗多，播種方法、時機、照料方式和擺置地點等等都是關鍵。

播種前的處理

採下的種子越新鮮，活力就越強，一般來說常綠性植物都可即採即播；但對於落葉樹、冬季地上部會枯萎的宿根性草花、一年生草本植物，最好先做儲存，等到來春再播，較能避免種子在土壤中停留太久，被蟲鳥啃食或腐壞。

種子的樣式極多，對於有外殼保護的如毬果、蒴果、莢果，儲存時無須剝除外殼；但包於果肉內的種子，就要先清除果肉、風乾後保存。種子是有生命的，緩慢的呼吸作用也可能造成失水乾縮，要收藏在密封的塑膠袋或瓶罐內，置於陰涼處。在預備播種的前幾天，可先把種子放入冰箱的冷藏室（非冷凍庫），使種子產生促進發芽的賀爾蒙，萌芽狀況就會好些；尤其高山地區所採集的種子，最好能在播種前一、二個月就冷藏，等到天暖時播種，便能迅速萌芽。

播種的四個備忘

宜用淺盆：深盆底部常因過濕，致使種子萌發後新根腐爛，即使正常發育，太長的根部也對移植造成困擾，故使用淺盆播種較爲合適。

適當覆土：對許多動物而言，種子是營養豐富的天然食品，蟲、鼠、鳥都視爲美味大餐；因此，覆土略加保護有其必要，但需注意，若蓋土過厚，反而可能造成萌芽不良。尤其細小種子的芽，比不上大種子有力，覆土有可能導致無力冒出。

置放角度：可採各種不同的角度置放種子，種子有尖端、鈍端、寬面、窄面，種皮裂開後，芽與根必定一上一下各自發展，若種子擺放的角度不同，它們也會自行翻轉調整，於是直的、斜的、彎的，甚至S型的形態一一產生，雖然不見得都線條優美，但已有了初步造型，日後整姿也可省下一道手續。

適量播種：播種後，新苗常會生產過多，要是無法完全處理，不妨分送有興趣的親朋好友，要不就得控制播種的數量，以免萌芽之後丟棄，於心不忍！

從實生苗到盆景（防葵）

1.播種後當年長出的幼苗。

3.連盆土一起取出，將環繞在土團周圍的細根剪除。

2.將幼苗單獨移入盆中，栽培兩年後的樣貌。

4.移入內徑只容一指的迷你觀賞盆，看起來植株反而變大了。

塑型從播種開始

預備播種用的盆缽只裝了一半土，待芽萌出快達盆上緣時，蓋上一塊透光的玻璃或壓克力，大小要正好能跨住盆緣，但兩邊緣必需露空，保持能夠透光、透氣，也能澆水的狀態。新芽往上生長時受到了阻擋，就會自行尋找可供伸展的途徑，於是歪扭曲折的有趣形狀就出現了，待這些苗木已開始出現過度擁擠情形時，便可掀開這道障礙，再依不同的體態選擇合適的盆缽移植。

扦插——風險最低的倍增法

扦插又稱「插枝」，可以大量取材，又比播種的成長速度快得多，是最簡單、最被廣泛使用的繁殖技術。若僅就字面解讀，扦插似乎只是將一截枝條插入土中而已，然而，扦插的時機、枝條的選取、插穗切口的處理方式、培養介質的好壞以及平口管理、栽培環境等等，都與日後的成長狀態息息相關，仍有不少學問。

扦插的吉時

一般人常以爲春天是適合各種園藝作業的好時機，其實不然。以落葉樹種爲例，春天發芽夏天成長，入秋後貯存養分，以備度過冬季休眠期；依這循環來看，氣溫漸暖的春季，確是植物生長的好時機；不過，去年秋季貯存的養分，早已消耗於無法進行光合作用的落葉期，因此，初春植物體其實很虛弱，必須儘快冒出新芽，進行光合作用，以補回損失，只有等到葉片多了，才逐漸恢復體力。因此，依實際經驗，草本植物在春末，木本植物在初夏（生長較慢的關係）才是扦插的吉時。

插穗的選擇與處理

插穗也可決定樹型：扦插主要是爲了繁殖新株，新株長成後，固然可用修剪或整姿的方式來塑造樹型，但若能在扦插的同時就先安排基本體態，豈不更好？選擇插穗，不見得筆直才好，曲折或分叉的枝條，日後更能輕鬆自然地造就出模樣木、雙幹、三幹、叢生等樹型；若將插穗斜插入土中，日後要育出斜幹、懸崖這類姿態，也能事半功倍。

切口須清潔平整：插穗能不能發根

切口該平還是斜？

斜切口的面積較大吸水能力也隨之變大，發根雖然較快卻不很均勻，且多會集中在斜面下方；切口水平時，雖然吸水面積較小，但新生根系卻能分佈在切口四周，對日後的發育較有幫助，原則上，發根良好遠比發根快速重要得多。

扦插的過程實例1（小葉桑）

從大樹上剪取一段枝條。

分剪成小段，將葉子也剪去大半，減少水分散發。

直插或斜插，以便將來取得的苗木姿態多樣。

扦插的過程實例2（櫸榆）

1.選擇健康的枝條。

2.從長枝條中再分剪出略有造型的小段。

3.插入配好土的盆中，插穗之間略相靠著較不易傾倒。全數插完後，輕輕噴灑霧水至盆土濕透。

4.扦插半年後，由盆中取出，清楚可見根系發育完整。

5.整理過長的枝葉與根系後，分別種入小培養盆。

成活，與下方切口的處理，關係非常密切，首先要確定剪定鋏的銳利度，若刃口已鈍、有缺口或密合度不良，切口必定不平整，甚至可能破皮或組織遭擠壓破裂，這將是造成腐爛的主因。除此，刀刃也務必清潔，經常使用卻未作清理的刀具，會在刃面存留樹液，若曾用來修根，還會附著泥土，這些物質若沾附於傷口，都可能致使切口腐爛。

使用清潔又排水的土壤

選擇扦插的土壤介質，必須著重於保水、排水的能力以及是否乾淨，而不是其中所含的養分。

切口，換言之，也是超大的傷口，土質不潔就會因感染而生病。況且，此時的插穗，是靠著枝條中貯存的養分來供應葉片生長所需，並經由葉片行光合作用製造出更多的新養分，送回下方幫助傷口癒合、發根，因此，發根之前只能利用土壤中的水分，無法吸取養分，請務必拋棄須養分充足這個觀念。

將排水良好的粗粒土鋪於盆底約三分之一厚度，上層使用保水優良的細粒土，若求講究，可在粗細之間再鋪一層中粒土。太過黏重的土，保水雖好卻發根不易，只要植株不致傾倒，鬆軟土質反而較有助於發根。

插入時需注意插穗的體質，外皮較韌者可直接插入。但草本植物往往皮薄、枝條柔軟或中空，若直接插入，有可能造成破皮、折彎或切口裂開翻捲等傷害，此時可用粗細相近的小木棒先插出洞穴，放入插穗後，再攏緊土面。

插穗處理後，仍需行光合作用，切勿置入陰暗處，只要避免強風吹襲，幾個月後就可收成了。

扦插小技巧

別為了只圖穩固，將插穗插得極深，插得深容易腐爛，即使發根了，長長的一截枝佈滿了細根，也會造成移植的困難，甚至日後選配盆缽時也將受到約制，因為長根若不剪除，就無法使用淺盆，只能植入深盆。

固定插穗的方法

使用包裝水果的網袋，剪成合適的大小，張開罩住已裝好土的扦插用盆缽上，再以粗橡皮筋或繩索固定於盆外緣，就會出現大小適中的孔洞，將插穗穿入洞中插入土壤，使插穗像扶著欄杆般站得穩當，要移植時再將這些網孔剪破，既環保又好用。

分株——栽培植物的取芽繁殖

盆栽種久了，有時會發覺原本植入的一株兩株，如今卻滿滿一盆，這是植物自然分生的結果。然而，原本寬敞舒適的家，逐漸成了擁擠的大雜院，下方根系相互糾結，上方枝葉則擁擠卡位，看似熱鬧繽紛，但若不進行分株，植物將由此走向衰弱。分株在園藝作業上也算是簡單、成功率最高的繁殖法。

分株法就是利用植物自己分生出的一部份，來達到繁殖的目的。某些植物生長到一定體型或時間後，就會自體側長出新芽，有時是自地上部長出，而後接觸土壤發根，有時是自根基部直接萌生，更霸道的是利用蔓性的走莖到處延伸拓展，莖節著地處，就會發根長出子株，即使不靠種子，也能繁衍族群。

分株宜用手，而不宜動刀用剪。因爲老株、新株相連處就像臍帶，也是養分輸送的部位，母株經此管道供應養分水分給小苗，直到小苗的根系開始發展，上方葉片也能行光合作用後，這些輸送管道就逐漸停止功能，日後也將自然分離，用手輕輕一剝就會自然分開，幾乎不會造成傷害。反之，若懶得清理根系，直接用剪刀，就會造成外力介入而傷了植株，有時甚至造成沒有根的

大花細辛的分株

1.植物自盆中取出後，剪去外圍的根，再剝除舊土，若環境許可不妨用水沖，待能看清這些植株相連的部位時，用「手」一一剝開，將每一株獨立開來。

2.剪去長根與破損的葉片。

3.分別植入小培養盆，如此就由原本擁擠的一盆變成清爽的數盆植物。

新苗。即使一些體型較大或質地堅硬的種類，只需先用刀在相連處輕輕一劃，再動手剝離。

分株工作選在梅雨季進行較爲理想，此時春天已過了一段時間，植物貯存了足夠養分，而空氣中的濕度剛好又能助植物安然成長。

申跋的塊莖繁殖

將右圖的塊莖植入適當的盆缽，靜待抽葉開花。由於新根將從芽基部（塊莖上方）長出，若不將塊莖完全覆土，就必須注意常噴水，以免新根發育不良。

冬季，自盆中找出申拔的塊莖，塊莖上已孕育了新芽。

百合類的鱗莖繁殖

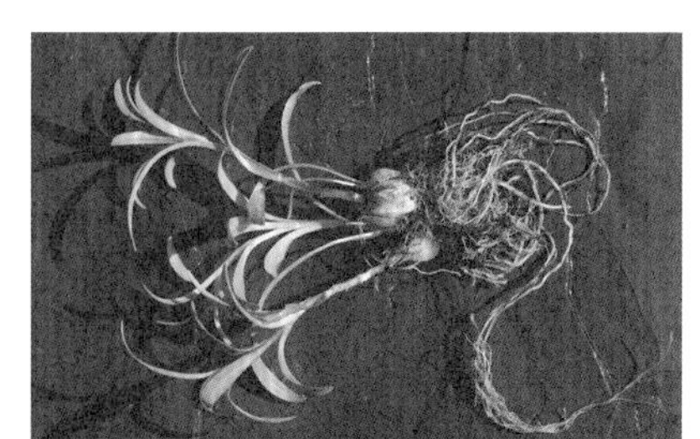

1.取出鱗莖後，洗淨殘土。

2.小心剝取一片片鱗莖上的肥厚鱗葉。

3.將鱗葉尖端朝上，均勻分佈在新盆中，切忌不可上下錯置。

4.鱗葉發芽後種植一年的情形。

馬鈴薯的塊莖分芽

1.將馬鈴薯置於光線充足的陰涼處，任其萌出小芽，芽下方也會長出細根。

2.用利刃將小芽連根切下。

3.植入適當的盆缽，就能有近半年的觀賞期。

一葉蘭的假球莖繁殖

1.冬末春初，原本休眠的假球莖開始冒出芽了。

2.剪除假球莖下方的所有根系，並仔細將假球莖洗淨。

3.埋入盆中，露出芽與假球莖頂端。

4.約三個星期，就能欣賞美麗的花蕊。

壓條——偷時間的速成法

從前，農人會把長長的枝條壓入土中，待發根後截斷，即獲得一株新苗，這就是壓條的技巧，不過，近來已經少見這種古老作法了。如今技術進步，壓條的位置升高了，壓條法也改稱爲「高壓法」，是高處壓條法的簡稱。壓條在園藝技巧上相當重要，除了有趣、能縮短栽培時間外，成功時，那份滿足感更是令人心動。

進行壓條後，依樹種不同，大約一至三個月，就可看見新根由軟盆底或盆邊切開的裂縫鑽出，稍待幾天，等嫩根顏色變暗且略硬化後，就可切離母株。而修剪工作也該在此時做，因原本供應水分的管線已遭截斷，且新根柔軟，尚無足夠的支撐力，修剪能減輕上方重量及水分的需求。

壓條最好選在春末夏初，此時嫩芽已較成熟硬化，植物本身也能貯存養分，加上天氣漸暖、新陳代謝速度加快，正好適合壓條所需條件。比起扦插，壓條的成功率高多了，而且粗大的枝、幹都可施作。壓條最大的優點是，除了可任意擷取自己喜歡的部份進行移植，同時還能把「樹齡」也移植過來，許多人非常在乎植株的年齡，如果在一株二十年的枝條上進行壓條，那麼，只花短短幾個月，不就賺上二十年的歲月嗎？學會並且熟悉壓條技巧後，肯定會讓自己的水準與信心都大幅提升。

自然生長的喬木多是單一樹幹的型態，若選擇分叉部位進行壓條作業，就能得到雙幹或多幹樹型。（白雞油壓條後兩年，盆高2公分）

壓條栽培備忘錄

1.壓條就好比在枝條上加了一個頗有重量的違建，不論枝條或母株都會增加負擔，也易導致全株的重心不穩；重心上移也可能使母株根系抓不牢盆土，甚或連盆傾倒，務必要緊緊固定，使用磚頭石塊夾緊，或用繩索綁牢都是常用的方法。

3.上方軟盆若吊掛不牢、經常搖動，容易導致新發出的嫩根遭受拉扯而受損。

4.擺放處一定要有陽光照射，才能進行光合作用，幫助發根。

5.不可為了減輕上方負擔而修剪枝葉，此時多一片葉就能對發根多一分助力。

6.澆水時別忘了上方軟盆也得澆到才行。

壓條的過程

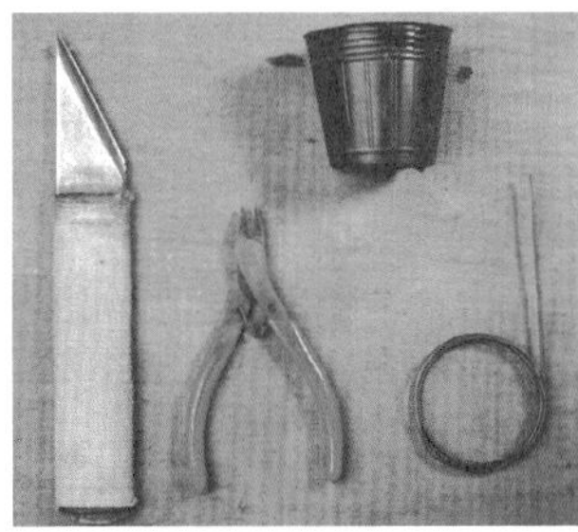

1.所需工具有黑色軟盆、一小段鋁線、乾淨的利刃、剪定鋏、植土。

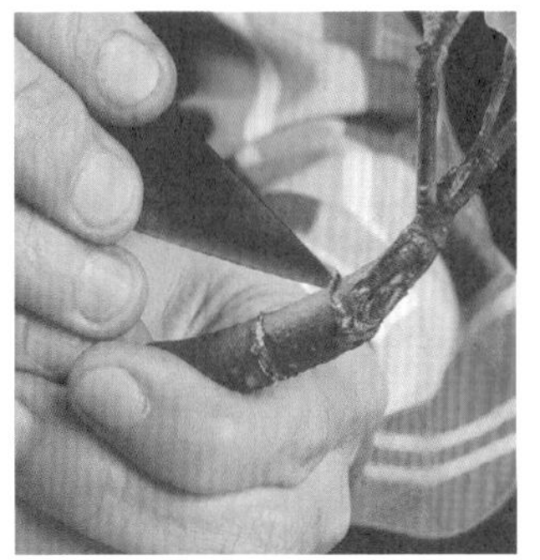

2.選定位置後，先以利刃繞著枝條橫切一圈，注意保持水平勿使切口高低不平，於原先的切口下方再作一次相同的切口，兩個切口的距離至少要稍大於枝條的直徑，例如枝條有1公分粗，則兩切口須相距1公分以上。

3.將上下切口中間的樹皮完全剝除，不要心存不忍，若未確實刮除乾淨，養分仍有流通的可能，則會出現上下傷口癒合而不發根的情形。

4.切口處理好後，將塑膠軟盆剪開至盆底孔。

5.將塑膠軟盆套在枝條上，要是盆底孔太小，可修剪至與枝條粗細相同。若盆底孔太大，套入枝條後出現較大縫隙時，可在軟盆固定後取一小撮水苔填補，以防植土下漏。

6.軟盆套入後，將原先剪開處稍微重疊，再以鋁絲穿過（如縫衣的穿法）就可把盆修復還原。

7.軟盆完全套上枝條後，剪取兩小條鋁絲，一端先穿過軟盆上緣，作一鉤狀反折，另一端也鉤吊在上方適合的枝條上，左右各一就可使盆牢固，切口的位置大約在盆的中間。固定妥當後，填土至九分滿，並立即澆水至由盆底孔滲出爲止，以免切口脫水。

8.大約一至三個月，新根由裂縫鑽出，當嫩根顏色變暗、略硬化後，就可切離。拆除軟盆後，可見新根由切口處的上方長出。

9.用較粗的剪定鋏將新根系下方的枝條剪除。要是枝條太粗，不妨使用鋸子，但千萬不可過度搖晃拉扯，以免折斷新根。

此盆栽在颱風時扯斷了一邊枝條，造成難看的傷口；事後靈活善巧地利用壓條法，在傷口部位使其發根後再截下，原來的傷口就成了蒼老的幹基，真有朽木重生之感。（十大功勞，盆高5公分）

第二章◎盆與土

園藝器材與工具

只靠一把剪刀來栽培植物的人，應該不在少數，不能說這樣就培養不出好作品，但過程中必定遭遇許多困難。常用到的工具有刀、粗枝剪、細枝剪、鑷子、盛土器、竹筷，在業餘栽培上，這些已經足夠了。

這些金屬材質的工具，若能合理使用並定期保養，甚至都能用上一輩子不必更換。每次使用後，將附著的土或植物汁液清除擦乾，偶爾在表層塗上些油；碰上粗枝就換較大型的刀剪，若以小搏大，工具很容易變形甚至造成缺口，情況許可下，備足該用的道具更能善其事。

刀：可用在削平傷口、壓條時剝除樹皮，分株時也會用到。

粗枝剪：處理堅硬的枝條很難用小型的剪刀，粗枝剪就能派上用場。又分斜口與圓口兩種，斜口剪可乾淨俐落地剪斷粗枝，圓口剪能使剪除的傷口呈凹陷狀，傷口癒合後幾乎看不出剪痕。

細枝剪：是使用最頻繁的工具，有長柄與短柄之分，長柄剪適合用來修剪繁茂的枝葉；短柄剪則用來剪葉修芽。

鑷子：用來拔除雜草，尤其是生長於細密根縫間的雜草；也方便於挑除小蟲、整理根系。

盛土器：這是最被人忽略的工具，換土、填土時，一般人通常用手抓土入盆，不但無法將土填入適當的位置，也往往把周遭環境弄得髒亂不堪。此工具得來容易，將塑膠質的飲料罐剪成斜口狀，就十分現成好用了。

竹筷：備免洗筷就行了。填土入盆之後，利用竹筷可順利將土均勻又密實地散佈在根系之間。

盛土器

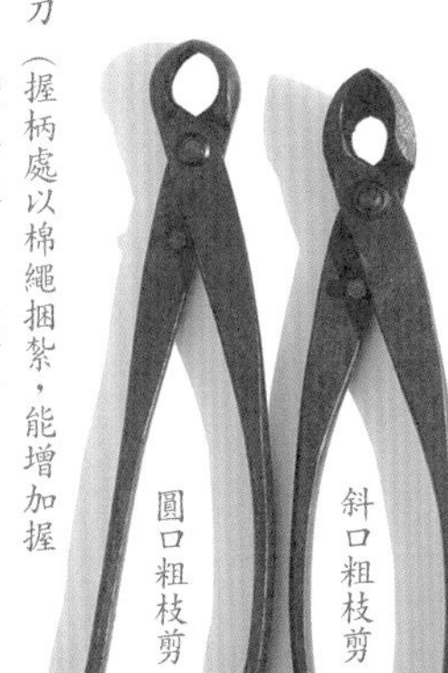

刀（握柄處以棉繩捆紮，能增加握力，操作時較不易失誤。）

圓口粗枝剪

斜口粗枝剪

短柄細枝剪

長柄細枝剪

鑷子

竹筷

愼選植物的家——盆

除了傳統的陶瓷，如今石材、塑膠、玻璃、金屬、木材等等也都廣泛被利用爲花盆，這些容器各有優劣，價格差異極大，如何選用全憑個人的需求與喜好；選擇時，仍應以排水、透氣、重心穩爲基本條件。

盆缽的用途大致可分培養盆與觀賞盆兩種，雖然只要搭配得宜，任何盆缽都可觀賞，也可用來培養，但把用途與特性先弄清楚，對初入門者是很有幫助的。

將文殊蘭過多的葉片剝除，就能使根莖膨大、外型矮化，再搭配渾厚的石盆，很能穩住植株的重量，整體呈現簡單穩重的風格。

砂鍋損壞無法使用後，在鍋蓋中央鑽洞，倒過來就成了一個極具現代感的盆器，用來種植高瘦型草花，相當合適。

吃海鮮後，留下幾個大的九孔，回家洗淨，就可直接使用。

鵝卵石製作的盆器，雖有排水孔，但因底部平坦，排水並不好，粗糙的外表，適合種植不太需水的多肉植物。

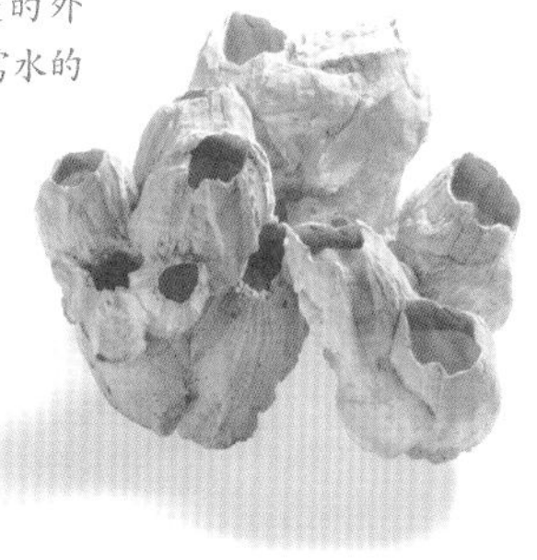

將好幾個藤壺膠黏起來，就可形成一個組合型容器，由於藤壺殼薄，宜植入生長較慢的品種，才有較長的觀賞期，但無論如何，它們的使用壽命有限，一段時間後就會損壞。

硨渠貝作爲盆器，必須在底部鑽幾個排水小洞。若鑽洞太大，容易發生崩裂。

揀選孔隙較多、能站穩的珊瑚礁岩，洗淨鹽分後，可用來配景、栽植小型草花或多肉植物。

塑膠盆

優點：質輕易於搬動、色彩造型多樣、不怕碰撞、價格低廉、容易清洗。

缺點：因以模具製造，底部常會出現凹槽，容易積水。光滑的盆壁也使根系無法穩固附著，植株容易搖晃。膠盆既已質輕，若再使用輕質的介質，容易被風吹倒。

改善塑膠盆

若使用塑膠盆，底部鋪上較厚重的粗粒土或碎石，除了可略改善積水問題，也能增加重量。培養用的塑膠盆尺寸極多，由三公分至數十公分都有，又分硬質與軟質兩種：硬質盆顏色也有多種，可用作一般栽培，如果栽培較嬌弱的植物，要避免使用深色盆，陽光強烈時，盆中溫度才不致增高太多；若培育露根或附石樹型時，軟質盆較易剪去上方盆緣，是極好的材料，壓條時也用軟質盆。

素燒盆

優點：是材質稍爲粗糙的低溫陶器，土質大多爲磚紅色，又稱爲瓦盆、泥盆，是栽培植物最理想的容器，它的重量適中，排水透氣極佳，植物根系在素燒盆中的發展情況遠勝於塑膠盆。

缺點：易破損也容易弄髒，弄髒後若不將表面清洗乾淨，就會失去原有的優點，但又偏不易洗淨，現在已少有

素燒小盆最適合多肉植物的生長需求，出現鮮豔的花色之後，觀賞價值也不遜於成品盆。

業者使用，因此不易購得，但業餘栽培愛好者若使用素燒盆來培育，對植物還是大有助益的。

成品盆或觀賞缽

一般人習慣把培養盆以外的盆缽，通稱爲成品盆或觀賞盆，它們不只是圓型的，顏色也不局限於紅、黑、白幾個顏色。甚至，只要能夠裝得下植物的器皿，都能當成成品盆缽使用，陶瓷之外、石質、木質、金屬材質也都可用。

對於已經具備換盆能力的栽培者，一般園藝業者配置的盆缽已不敷所求，購買新盆就成了重要工作。如不尋求特殊盆缽，各地花市出現的就足以滿足所需，若想尋得古盆，則不妨往玉市或骨董店；想蒐集陶藝家手作的盆缽，則不妨多往陶藝展中碰運氣；有時較具規模的盆栽展，也會有業者同時展售優質的盆缽。

觀賞用盆缽有瓷盆、陶盆、紫砂，上釉或木上釉的分別，盆缽本體在使用上並無太大差別，可依栽培者的美感喜好選取。一般來說，瓷盆多以白底配上淡雅的圖案或文字爲主流，盆壁薄而精巧，體型以中小型居多；陶盆則感覺厚重，是最大量使用的材質，通常有各種不同的釉色變化，也有不上釉的，更散發出粗獷原始的風味；紫砂盆近年來有相當數量由中國大陸引入，原本價格昂貴，如今反倒成了廉價的普及品，紫砂只是某些種類土質的通稱，它們還分烏泥、白泥、朱泥、黃泥……等不同土色，通常不上釉，體型也因土質的可塑性強、收縮率低，而由數公分至接近一公尺的巨型盆缽都有，紫砂是中國長久以來使用的材質，用來搭配中國千

年傳承的盆栽植物，最是自然道地，與植物有如天生一對。

純粹收藏的不說，如果還爲求搭配植物，無論盆缽的年代、價格、質地爲何，仍不可忽略實用性盆器選購的要領。

既然稱之爲觀賞盆，除了功能健全外，必定也要有足夠的觀賞價值。盆缽的製作方式決定了外觀，價格有極大的差別。一般有模具製造與手工製造的盆缽。手工製造的盆缽又可分爲拉胚成型、陶板黏合或手捏成型。

模具製造：是大量產製的方式之一，受模具所限，外型不會有太大的變化，品質雖穩定，釉色也均勻，但外表會有一道模具接合處所留下的痕跡，內部的盆腳處易有凹陷積水的情形，雖可用臘或石膏來塡平使用，但此方式生產的盆缽，因大量製造，沒有什麼增值空間。

拉胚成型：多以圓型爲主。即使有時可見接近方型的

市售的量產小缽。

模具製造的盆缽底部容易有凹陷，可用熱臘塡平，以免積水。

如此長條型的手製盆缽，燒製時極易變形而失敗，因此製作不容易，若有機會，不妨多收藏幾個。此盆很好搭配植物，適合種植小型木本植物的合植、或叢生的草本植物。（莊松年作品）

自然天成石頭質感的手捏小缽，儘管只是栽植一株小草，也足堪玩賞了。（莊松年作品）

手捏小缽（莊松年作品）

盆器選購要領

1. **檢視盆腳是否能夠完全接觸平面**：可將盆缽置於平坦檯面，以手掌壓住盆緣，然後左右晃動一下即知。
2. **檢查盆缽是否有細微裂痕**：可將盆平托於掌心，以指甲輕彈盆邊，若發出結實飽滿的金屬聲就是好盆，反之，若發出細碎的裂竹聲，盆缽定有裂痕，植物的根系未來很可能將盆撐破。
3. **檢查底部排水孔的高低位置**：排水孔要是低得極接近檯面，大氣壓力所形成的氣阻會使水聚積在盆底四週，多餘水分無法排出，根系就無法進行呼吸作用。

精巧雅緻的高盆，植入葉片較小的蕨類，自然懸垂於外，綠葉搭配白釉、裂紋，最是清新脫俗。（林育生作品）

手捏小缽（莊松年作品）

較淺的盆適合展現根盤的張力，唯需注意植株的穩固。（林國承作品）

長條石塊於正中鑽刨出圓孔，整個就是天然材質的盆缽。

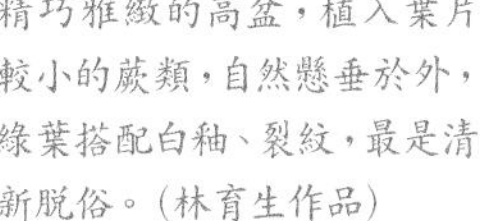

較大的舊盆，通常不太堅固，應避免種植粗壯的木本植物，種植質輕的觀葉植物既不傷盆缽，更能凸顯老盆的年代感。（中國廣東·民初舊盆）

如此現代化線條的盆缽，植入線條筆直的小型蕨類，或許比茂密叢生的草花適合。（洪素桃作品）

這類圓型淺皿最適合將種子直接播於盆中，使之長成一片實生林，待兩年後，小樹已無法容身再移出，因爲盆淺，植物無法眞正在其中成長。（王百祿作品）

口緣反捲又小於盆寬的廣口袋型盆，最好避免栽植根系發展快速又容易膨脹的樹種，否則若稍遲換盆，就難以將植株取出。（莊松年作品）

此盆非常具有創意，可栽種同種植物成爲一對，也可栽植差異性極大的植物形成對比。（林育生作品）

由白、紅、黑三種土質混合後，刮除部份外層，露出各種深淺層次不同的立體感，如此精彩的外型，或許植上青苔也就夠了。（日本常滑泥珠窯·絞胚）

精緻的盆缽，一般使用於造型簡單的品種或樹型，以免上下過於搶眼亂了美感。（日本常滑英燒窯·烏泥）

洪素桃作品

淺黃盆缽、黑色礁石、綠色枝幹、鮮黃花朵，色彩分明的配置很能凸顯每部分的優點。

手捏油滴釉小缽（莊松年作品）

小巧的手捏小缽，須留意盆缽厚度與重量，太薄容易碰損，太輕則怕風，不宜安置室外。（莊松年作品）

外表，但底部仍是圓的。注意看，底部會有一道道圓型細紋，就是修胚時留下的痕跡。

陶板黏合：製作上比起拉胚成型又麻煩一些，例如一個方盆，就需四個邊與一個底，共五片來組合，在製作或燒窯時，也較易產生崩裂或變形。

手捏盆缽：是創作者巧手的成品，外型不工整，也沒有固定的模式，有時甚至還有作者不經意留下的指紋或掌印。

選購盆缽時，最好能有明顯的出處特徵，值得收藏的盆缽通常會在盆底蓋上作者的戳記，有時則會直接刻上姓名，除了作為品質的保障，也是日後增值的依據。

精緻高價的盆缽常被當成案頭擺設或收藏，拿來使用的反倒不多。其實，盆缽使用後，會因土、水、根系、苔等各種外在因素的潤澤，消除或減低新盆的火氣，讓盆缽看來更溫潤、更內斂。種過植物的盆，說也奇怪，即使將來洗淨後再收藏，仍能永保其微妙的改變，或許這也是許多收藏者被古盆吸引的原因。

不過，收藏盆缽更積極的用意，該是家中如有較多的盆缽，搭配植物時，肯定會有更多選擇，能讓盆栽配置得更好、更美。

舊盆才需要泡水

許多人認為新盆使用前一定要先泡過水。其實舊盆才需要泡水，替換下來的舊盆，泡水後比較容易清洗，洗淨後曬乾消毒，下回才能安心再用。清洗花盆時，務必將內外死角的積土腐根完全清除，盆面若雕有花紋，可利用牙刷清洗，要注意別使用菜瓜布，易造成釉面損壞。盆缽不嫌多，備有各種造型、顏色、大小的盆缽，搭配植物才能得心應手。

滿足根的喜好——土壤

隨著農業科技的進步，栽種植物也發展出許多新材料，如今盆栽植土已不一定都是用「土」，這些栽培所用的各種材料，一般都通稱爲「栽培介質」，了解各種栽培介質的特性之後，也就能清楚所種的植物適合哪一種。不過，栽培介質並非都只單獨使用，也可依自己的需求混合調配，例如把河砂混於腐植土中可增加下方重量，或把粗顆粒土鋪於盆缽底層以利排水，也可自行混合出砂質壤土、黏質壤土，以因應各種植株的生活需求，執剪弄泥其實相當有趣，幾次之後就能熟悉上手。

壤土

壤土：一般郊野荒地多有壤土，也是以往使用最爲普遍的「栽培介質」，壤土的顏色多是黃色，保水力不錯，乾燥時略呈小塊狀，遇水則軟化，但不會呈糊狀又黏又重，一般大型木本植物較適合使用這種土壤，若是自行採集回家使用，最好先在陽光下曬乾消毒，也順便把其中的樹葉、雜草、小石塊等雜物一一挑除。

河砂：河砂是指水流沖刷後，滯留於溪流邊的細小石粒，乾淨的溪邊水流

河砂

使用河砂種植多肉植物，既有利排水又能增加重量穩固植株，是不錯的選擇。

轉折處常有這些河砂堆積，通常都是扁平的橢圓型，顆粒約在0.1～0.5公分左右的大小最適用，一般輕易拾取的也多是這種尺寸。它們通常都很乾淨，拾取後曬乾就能備用。需排水良好的多肉植物，根部大多不甚強壯，使用河砂不但可以適當控制水分，也因重量足夠，能讓多肉植物站得更穩。不過，一般建築所使用的砂可不能用來替代河砂，建築用砂太過細密，排水透氣都不好，且黑色甚至會在陽光下升高盆內的溫度，對植物不利，千萬別弄混了。

腐植土

腐植土使用須知

腐植土的構成物質較為疏鬆，使用前最好先以水分濕潤，使其緊密，有助於根的固著效果，乾燥時種植不但植株易搖動，澆水後會下陷，甚至水分的分佈也不易均勻，這點須特別注意。

腐植土：植物落葉後隨著風向、地形的影響，就會在合適的地方堆積起來，日積月累，水分、昆蟲、細菌都會加入分解腐化發酵，進而形成了腐植土。腐植土的使用，在傳統農業上非常重要，幾乎也就是肥沃土壤的代名詞。現今市面上所販售的培養土就是腐植土，只不過受限於自然分解的時間往往須長達數年，而生產者並無法長期等待，於是把植物葉片、細枝、樹皮等植物體切碎，再以密封設備來加速分解，最後可能再加入各種配方，如蛇木屑、細水苔、珍珠石、發泡煉石、浮石等介質，調配成適合各類植物生長的介質。養分足夠、質輕易搬動、價格低廉、保水力強是其優點；不過因重量輕，並不適合種植中大型盆栽。

顆粒土：保水力強又排水迅速，這兩

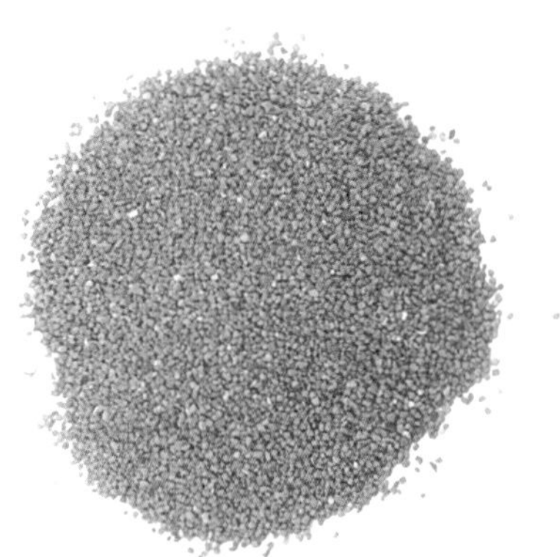

各種大小不同的顆粒土

種功能要能在同一種介質中表現，聽來似乎矛盾，但顆粒土偏偏就能完成這樣的任務。顆粒土來自質地較硬的壤土，製作過程經水洗去除泥粉，再以高溫烘烤殺菌，最後再用大小不同的網目篩製出來。

顆粒土的外型不規則，每粒土之間有間隙可容水分通過，也可供根系自由伸展，因爲質地堅硬，吸飽水後不易蒸散，因而能把該留的水分留住，也能把多餘的水分排出，因質量重、外型不規則，在盆中鞏固根系的作用極佳，幾乎成了木本盆栽必用的栽培介質。

但它也有缺點，經過水洗與烘乾後，幾乎已不含養分，如果植株本身不夠強健或光合作用不足，就得補充適度肥料。此外，價格也高出培養土不少，有時還有品質不良的產品，購買時須憑經驗掂掂份量是否足夠，太輕就不是優良產品，也可取一小撮略沾水後以手指搓揉幾下，不良的顆粒土立即會分解溶成

顆粒土是種植木本盆栽最適合的土壤。(森氏紅淡比)

黏土雖然很少被使用，但要讓水生植物挺立於盆中，往往非它不可，不過，爲求美觀與保持水面潔淨，土面上最好再敷上一層化妝土。(野慈姑)

泥狀。反之，品質優良的顆粒土，種植幾年後卻都還能保持粒狀模樣，換盆換土後，舊土經曬乾仍能繼續使用。

黏土：黏土使用機會較少，但某些植物卻非它不可，例如水生植物大多要黏土才能生長得好，也才能挺立水中。此外，黏土還被用來作附石栽培的輔助材質，有時甚至可用來構築特殊造型，像是作爲淺盆、水盤、平石的護邊等等。

田邊、溝渠邊很容易就能取得黏土，但要注意會含有大量微生物，水生昆蟲也易混雜其中，雖然養分充足，伴隨而來的病蟲害也不少；盆中天地到底不如自然環境，取回黏土後，最好也能使用免費的陽光來殺菌除蟲，不過由於它驚人的保水力，使得曝曬過程會拉長許多，耐不住性子或急於使用者，可用舊鍋在瓦斯爐上烤乾，把蟲（最麻煩的是絲蚯蚓）、蟲卵、雜草種子、細菌一併解決。若不耐煩自行處理，花市也買得到黏土，只是小罐裝就可能要價近百元。

水苔：水苔多用來做局部保濕，很少直接當成栽培介質。種植嗜水性的植物時，可將水苔切碎，混雜於介質中；此外，也可整團或整片覆置於修剪過的較大傷口，或保護新植時暴露在土表的根系；傳統的壓條法也是利用水苔來作發根的介質。平日備存一些，用時會方便不少，但因體積膨鬆佔地方，使用時也容易有碎屑掉落，購買小包裝就可以了。

水苔

蛇木屑：蛇木屑本身能吸收水分，聚在一起時，又有相當大的空隙，所以雖略具保濕能力，卻常用來增加透氣性與排水性。由於質輕，混雜於其他栽培介質中，培育較耐旱的植物相當理想，若單獨使用，一般只見於蘭花類的栽培。依每節的長短，也會有大中小不同規格的包裝。蛇木屑不易腐朽，長期處於潮濕狀態也不會崩解，若植土中混雜較多的蛇木屑，就要注意養分的補充，因爲它只是單純的栽培介質，並不能提供養分。

蛇木屑

土表的美容師——化妝土

有時，適合植物生長的介質不一定賞心悅目，尤其想要移入室內茶几案頭擺飾時，總會有一絲不完美的缺憾，於是，爲了要遮掩這種缺陷，各種妝扮盆土表面的材質逐漸被開發，這類物質通常不是土，但因使用於土表，而被通稱爲化妝土。

化妝土除了能增加美觀，也能保護表土，它們有天然的、人造的，也有各種形狀、顏色、輕重，如何搭配使用，可依個人的經驗與需要而定。只要有心尋求，都很容易取得。

岩屑：山壁斜坡下常有許多自然風化崩裂的碎屑，成份大致上爲頁岩、黏板岩、泥岩，多呈灰黑色，形狀則有扁平、柱狀、塊狀，特色是重量足夠，濕潤以後呈現閃亮的深色，適合用來鋪設較大植株的盆面。由於它們的外型不規則，也間接使得植株不易因土壤較鬆而搖動，只要拾取尺寸合適的，略作清洗就可使用。除此，岩屑還可當成盆土乾濕程度的指標，澆過水後，它的顏色變深，而盆土漸乾時，顏色也會轉趨爲淡灰色。

河砂：因水流沖刷的結果，大多都呈扁圓型，顏色因地而異，由黑至黃褐色都有，帶個小臉盆與廚房洗菜用的篩子（網孔大小不同所得到的粒徑也就不同），就可到

又寬又淺的盆缽最能表現開闊天地的氣氛，但少少薄薄的盆土卻容易沖失，選用質地夠重的化妝土就能保護表土，並做出小景裝飾盆面。此盆利用了頁岩、貝殼砂、石英砂、碎石，來模仿岩塊、沙灘、水池的感覺。

溪邊如淘金般地把泥與細粉去除，同時把較大不合適的挑出，回家後曬乾就可使用，通常用於中小型盆缽上，也可置於盆底層有利於排水。

細石：在建材行裡，可找到許多不同顏色的碎石，一大袋不過幾十元，如親朋好友共用一袋，就只需極少的花費。選用粒徑在0.5公分以下的爲宜，除非是種植需水量少的多肉植物，或擺置處不遭雨淋者，否則要避免選用白色或顏色極淺的，因爲植土粉末碎屑上浮或落葉未及時清理，一段時日之後，都會使表層變髒，反而更難看。使用前須先注意，這些碎石是經機械將較大石塊打碎的產品，常帶有不少石粉，宜先以水浸泡清洗，不但較美觀也避免這些細粉下滲植土中影響排水。

貝殼砂：可在水族館購買，價格不高，原本是淺灰色，但多半已被漂白。外型不規則、多孔性、質輕，有時尚可發現完整的小貝殼。它較適合用在不需

1. 2. 3. 4.

5. 6. 7. 8.

9. 10. 11. 12.

1～4.各種粗細的河砂　5.貝殼砂　6～8.石英砂　9.黏板岩　10～12.各種大小的頁岩

太多水的小型盆栽，因爲乾燥時遇水，會有部份浮起，使得盆土與之混雜而顯髒亂，不過，使用噴霧方式澆水便可解決，搭配海濱植物或直接混入植土，用來栽培沙灘植物是最佳選擇。

石英砂：在水族館可購得，原本用來充當過濾材料。特性是顏色鮮艷、外型稜角分明、重量也足夠保護表土、保水力強，最適合用來製造現代感的風格，唯一的缺點是價格高了些。

發泡煉石：原本是爲了水耕栽培研

發泡煉石

用質量足夠的頁岩碎塊來覆蓋表土，既能保護植物根系也增加美感。

表土覆以河砂後，看來就更接近傅氏鳳尾蕨的原生環境。

發出的材料，價格低、乾淨、質輕是它的優點，若鋪在盆栽表面，褐色的均勻圓球也有穩重高雅的感覺，但因質輕，只適合用在土表與盆面有較大距離的大型盆栽上，每次澆水時也要小心，以免沖出。

樹皮：多半以針葉樹樹皮爲主，是最自然的材料，多是扁平狀的紅褐色，如果用來覆蓋淺盆表面，不但保護面積大，也可利用巧手安排出各種變化，可將它們緊密靠攏成一大片，也可將每片略爲分開，中間再補填其它顏色材質的化妝土，就可出現明顯的紋路，甚至作出林間小徑。此外，遇水潮濕後，它們還能釋出原本殘存的少量養分，這些樹皮從使用至腐朽的時間極長，換盆後也可再用。若實在不好看了，將它們置入盆缽內，充當底層土也極爲理想。

能作爲盆面化妝土的材質當然不只以上這些，鋪上青苔也是另一種化妝藝術（見56頁）。事實上，化妝土的保護作用大於觀賞，盆土遭沖失破壞，植物就不可能生長良好，而且這些化妝土若弄髒了不易清洗，還可混入植土中使用，如果家中青苔培養不易，不妨多使用化妝土吧！

紅木樹皮

第三章◎簡易的栽培入門

別怕換盆動手術

對喜愛蒔花弄草的人而言，換盆是件大事，可惜以悲劇收場的也不少，因而許多人視換盆爲畏途；其實，會失敗通常只因「時機錯誤」。

盆的空間有限，給幾分空間，植物就能成長幾分。超過容許後，植物先是停止生長，接著因無法供應根部足夠的水分養分，而開始消耗本身所貯藏的養分，直至供需透支，就邁向枯乾凋萎，若此時才急著換盆，怕已回天乏術，然而多數人偏偏在此時才想要換盆，此時植物極爲衰弱，體內所存養分也已消耗殆盡，根部又因過度擁擠而腐壞，這種體質，一動手術反而會加速死亡，也使得換盆動作蒙上不白之冤。

換盆的時機

每種植物的生長速度與溫度、土質、環境、給水方式、日照、盆缽大小都有緊密的關係，也就是說，並無固定要幾年換一次盆的規定。生長速度的快慢大致的順序是草本類、球根類、灌木、常綠喬木、落葉喬木、針葉樹類，不過這也只是參考。總之，植物生長開始出現停滯、排水較以前緩慢、細根有些冒出土面、底部排水孔有被根系堵塞等情形，就該換盆了。以季節來說，春秋兩季外加梅雨期都是換盆的好時機，不過，落葉樹要避免在深秋動手，以免還未復原就進入休眠期，傷口不易癒合。

從盆中取出植物的要訣

正常狀態下生長的植物根系，會緊緊頂住盆壁，不易取出，可在換盆前一兩天減少澆水量，讓它略呈乾燥又不危及生命，枝葉會稍稍失去彈性而有下垂的模樣最好。因爲如此一來，根系會略有收縮而不再緊頂盆壁，輕敲盆邊上緣就很容易取出。取出後，先將結成硬塊的根系拆鬆，並剝除外圍的舊土，以竹筷尖端插入根縫中向外輕扯，順序是由下往上，分幾次操作，原本繞圈的根系，就能變爲直線下垂。有些盆徑不到10公分的植株，根系拆解後竟可達50公分

透視根在盆內的生長狀況

植物植入新盆時，主要根系大多會被安排在盆缽的中心位置，漸漸生長時，根系就會往下、往旁伸展，一旦觸及盆壁及盆底，會開始繞著盆壁打轉，外緣擁擠了再向內發展，此時，原本鬆軟的盆土會漸漸變得密實，發生澆水後水分排出較以前慢的現象；待中心部位也被根系填滿之後，無處可去的根開始違反常理地往上尋找出路，進而盆土表層可見細根竄起，此時盆缽內部必已擁擠不堪，澆水後，不是水分不易滲達盆底，就是根本無法排出，此情況久了，脫水枯乾或過濕爛根都可能發生。

換盆作業（以台灣油點草為例）

1.盆中栽植兩年後，已有擁擠現象。先將枯葉、乾枝條仔細剪除，準備換盆。

2.取出盆後，發現土團外緣佈滿根系，新長的根已被迫往上發展。

3.將下層、外圍糾結不清的根塊剪除。

4.鋪上盆底網之後，先放一層粗粒土或發泡煉石，有助排水與通氣。

5.粗粒土上再放一層培養土。

6.擺上植物之後再將培養土填妥；可在土表層灑佈一層碎石，不但使外表看來乾淨些，也可保護植土。

7.換盆完成。將廢棄的砂鍋蓋鑿洞後拿來當盆器，盆淺、盆面寬，也有不同的氛圍。

以上。拆解根系時，也可發現盆土多已粉化，這是長時間被根系擠壓分解的結果，養分大多已被吸收利用，變細變貧瘠的土不利生長也無法排水透氣。

必要的斷根手術

如果根團已糾結到無法拆解的地步，則須將外圍最硬的一圈剪除，千萬別用強力手段敲鬆土團；整個根團只保留中心部位約二分之一至三分之一的程度，其餘的根剪除，並將夾雜在根團中的壞根剪去（好根與壞根的顏色與飽滿度有極大的差異，很容易就能分辨），根的吸收是由最前方的根冠進行，長的根與短的根都只具有一個根冠，將長根剪除縮短，不會減少根的數量，傷口復原後，不但恢復功能，輸送的管線還會比以前更短更迅速。

換盆的原意並不只是更換大的盆而已，最主要的目的是修剪老根與更新植土。如果植株與原先的舊盆搭配合適，仍可將舊盆內外清洗乾淨後再植回。有不少人不解換盆的意義，將植株取出後，原封不動地置入較大的新盆，再補塡新土，或是略爲剝除舊土後，根系原封不動又植回盆中，原因都只因爲害怕動了根就長不好，甚至傷了植物的性命。只是，如此換盆無異做白工，要知道枝葉修剪後會分枝發展得更好，根系也是一樣，較短較細密的根系吸收能力好，穩固性強，搭配盆缽的選擇性也多，過長過直的根永遠只能植於深盆。

換盆的步驟

1.選取盆缽，不見得要比原來的更大，原則上，只要修剪後的根系不致觸及盆壁即可，先在排水孔上鋪設一塊略大的紗網，只要能使盆土不外漏即可，若放入一片極大甚至佈滿盆底的（這是很常見的錯誤方式），待下回換盆，拆解根系時，就會因根系與這片紗網糾結不清而頭大。

2.佈好紗網後先鋪設一層較粗粒的栽培介質，這一步驟相當重要，一般栽培植物時因積水爛根的比例極高，即使使用市售的輕質培養土，至少也要在底層鋪上粗粒或小石子，這樣可以破壞培養土極強的毛細作用，而不致過濕，也可增加盆缽底部的重量而使重心更穩。

3.再把較細植土塡至1/3（淺盆約1/2）深度時就可放入植株，要使修剪平整的根系底部與土壤密貼，再以更細的植土塡入。

4.清理過的根系會存在著不少空隙，所以務必要塡滿這些缺口，否則植株易鬆動也易脫水，不鏽鋼筷是很好的工具，大小適宜，由於它的表面光滑，將植土戮入空洞時不易磨傷根皮，而且筷子兩端粗細不同，更適合伸入各種縫隙。

5.植土覆至根系的上緣即可，不要將枝幹掩蓋，木本植物甚至還可將根盤些微露出。

6.塡妥土之後，置於水中讓水分均勻的由底下上升濕潤全盆，但盆緣要高於水面，以免輕質植土浮起散失。最後，將盆缽取出後，修剪一下過長過多的枝葉，換盆工作就完成了。

舊盆的維護與管理

用過的空盆最好能立即清洗內部，並在陽光下消毒曬乾收妥，以備下次再用。千萬不要把枯萎的植株連同盆土丟置於角落，待要再使用時才清理，這會使盆內壁累積大量黴菌，盆外壁則附著不易清除的水垢土垢，隨意堆置也容易碰損，舊盆雖非當初購入時的主角，但隨著栽培的物種增多、技巧也更進步，將來總會有再用到的時候。

配盆的美學

盆缽外型大致上以圓、正方、長方、橢圓爲主流，但高矮寬窄差異就大了，如何與植物搭配雖無一定的準則，卻仍有脈絡可循，基本上，要先考量植物是否能夠生長良好，再考慮美感，兩者都很重要。

淺盆：淺盆多用來展現整體開闊的氣勢。例如在盆缽中造景，植成森林或展現老樹傲人的根盤，當然也能顯示栽培者的功力。選購淺盆時，最好選擇除了主排水孔外，盆底還有數個小孔的盆缽，這些小孔不僅有助於排水，更重要的是可用來穿過金屬線，固定不易站穩的植株。淺盆的土層只有薄薄一層，最好使用保水性強的土質，土表最好也能有青苔或質重的碎石岩片保護，免得一陣大雨，就使根系曝露。

淺色圓盆與深色岩石、橫伸枝椏取得了相互彰顯的美感。（九芎，石高4公分）

圓盆：栽培者一般習慣把植物置於盆缽的中心位置，也就是圓心處。上方枝椏當然可以斜向伸展，但種植時根基部一離開中心點，就容易產生不協調，圓本身就是柔順的線條，搭配擁有線形枝椏的植株，較能凸顯各自的優點。

正方盆：與圓盆的重心位置是相同的，但因線條筆直，在搭配時以枝椏線條富有變化的

側枝延伸的迎賓樹型，使用淺型盆缽可使重心更穩，不易傾倒。（槭樹，盆高3公分，左右55公分）

使用橢圓或長方形盆缽，可將植株位置偏離中心點擺放，左右不對稱的關係會使盆面看起來更寬。

長方盆（台灣欒樹，盆高2公分）

橢圓盆（柳杉，盆高3公分）

植株植於寬闊的淺盆，不但不會因盆缽變大而使植株顯得嬌小，反因大片平坦的地表，推開無盡的想像空間，而植株似乎更能融入盆中天地，顯出超俗挺拔的態勢。（紅紫檀，盆高1公分）

渾厚蒼勁的針葉植物，宜用深色盆缽，才不會顯得頭重腳輕。草本植物質輕柔弱，精巧且釉色較淺的盆缽較合適。（松樹，盆高6公分）

廣口的笠型盆適合叢生狀生長的植株。（棉棗兒，盆高2公分）

外型有彫花或刻字等花樣的盆缽，因本身就極爲搶眼，宜選擇搭配線條簡單的植株，才不會益顯複雜。（青楓，盆高6公分）

盆表若因雕刻而有凹凸，容易積存泥塵，加上澆水，容易變髒又不好清洗，不妨用來栽植耐旱的植物，水分少較易維持外表潔淨，多肉植物類就是理想的搭配。（石蓮，盆高3公分）

吸水性佳的石塊，無須盆缽就能單獨用來種植，給人一種渾然天成的感覺。（小葉冷水麻，石高3公分）

具有長長枝幹或花梗的植物，就要搭配一個重心優良的盆缽。（台灣百合，盆高4公分）

葉色鮮艷或秋冬會變紅的植物，可選擇淺色或接近藍色的盆缽，最能與葉色相互爭輝。（槭樹，盆高1公分）

(盆高2公分)

蕨類植物的葉片與葉柄線條都極爲優雅細緻,植於小缽中,往往因環境變小了,只能長出少少幾枝,若配上造型簡單、釉色清爽的盆,就愈見俐落出色。(盆高3公分)

看似軟木塞的小缽,其實是裝香料的小陶罐,在底部鑽個洞之後,就是造型特殊的盆器了。(豬籠草,盆高3公分)

平日也可在大型的淺缽內盛裝細砂,再將極小型的作品擺置其中,不但能利用這些小作品安排出一個景致,創造在大景中也有小景的小花園,也能利用大淺缽中濕潤的細砂或碎石,來維持小盆缽最不易控制的水分供給。

配盆有時還可考慮盆缽的圖樣，步步高升的竹節，與懸垂下降的植株，正好相互對比。（地錦，盆高8公分）

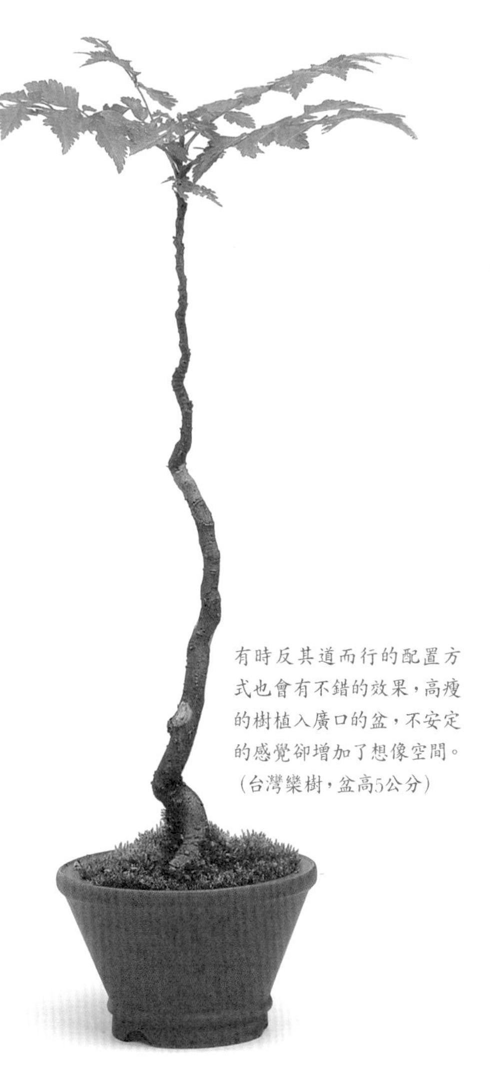

有時反其道而行的配置方式也會有不錯的效果，高瘦的樹植入廣口的盆，不安定的感覺卻增加了想像空間。（台灣欒樹，盆高5公分）

植株爲宜。

長方盆與橢圓盆：此兩種盆的關係一如方盆與圓盆，但植物在其中可選擇的立足點就多了，栽植位置位於中心點時，術語上稱爲五五位，稍偏左或偏右則是六四位，更偏則有三七、二八的配置法，每個位置皆能表現不同的風韻。長型的盆缽除了可作合植栽景外，斜幹樹型更是理想；若把根基部靠近盆外側，上方枝梢斜向另一側，枝椏下方就會形成一個令人遐想的空間。

高盆：凡盆緣寬度在高度的二分之一以下，稱爲高身盆，一樣有圓、方等外型，無論什麼形狀，總被當成種植懸崖或半懸崖的最佳盆缽，又稱爲「懸崖缽」。由於盆身高，土粒間的毛細作用也強，常會造成排水不易，使用時正好與淺缽所需相反，要盡量使用較粗粒的土質。高盆的重心差，再加上植物多向外傾斜，不安定的程度因而加劇，使用時要注意安全。

廣口盆：盆緣往外張開，頗像斗笠的形狀，也被稱爲「笠形盆」，由於盆壁極爲傾斜，栽培介質也不足以支持根系，多用來種植叢生狀的小型植株。但若有足夠的技巧，可用來栽植高瘦的文人樹型，會有意想不到的效果。

盆緣比盆身窄的盆缽：口緣小，卻有大大的肚子，看來有趣又穩重，輕易就能使植株站穩，但勿植入根系發達或根系易硬化的品種，否則日後換盆，將遭遇極大的麻煩。

施肥或不施肥

怎麼施肥？施什麼肥？什麼時候施肥？這些疑問向來是大多數人的困惑。這答案要從栽培者的心態與作法來分析會比較清楚，也就是說，栽培植物是爲了使植株長大，還是維持美觀？

養老比增肥更重要

除了少數熱中園藝的人會由小苗育起，經數次移植才定植於觀賞盆中；一般人總想一勞永逸從開始就種入大盆，大盆一來容易保持水分溼度，二來可維持許久不用換盆，然而在樹與盆不成比例的情況下，自然會覺得植株瘦小，於是施肥的動機就產生了。

盆栽植物之所以可觀，往往在於植栽雖小卻能呈現老態，原因就是小小體型也能有結實的幹與緻密的枝葉，然而施肥後，植物當然成長迅速，只是一旦「暴肥」就難以維持小巧精緻的模樣，而且根系也很快就佔滿寬廣的空間，壓縮了原本換盆的時間。所以，除了專業的園藝經營者，一般人應以植物種得好，而不是種得大爲原則。

一般使用的植土，多少都含有某種程度的養分，尤其市售的植土，更多標示了各種養分元素的比率，除了根部能吸收這些養分之外，葉片行光合作用產生的養分也已足夠，如此正常生長的植株，體型較緊密，枝幹也結實，在較小盆缽中培育，反倒容易呈現老態。

當植物生長至一定體型或年限，把根系枝條作個修剪，換植新土及稍大的盆，就會再繼續生長，根本不需施以任何肥料。

肥料的選擇

不過，許多人還是習慣依賴肥料吧！在小苗階段施予氮肥，確實可以長得快些，一般家庭使用的市售無機肥料比

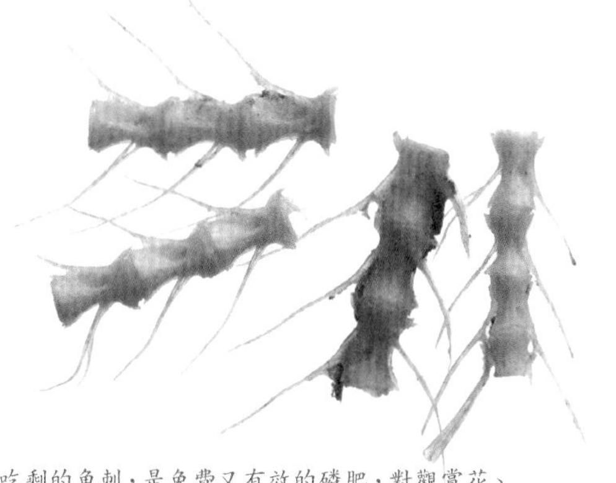

吃剩的魚刺，是免費又有效的磷肥，對觀賞花、果的植物非常適合。清洗後，折成約三公分的小段並剪下兩旁的細刺，將細刺一一插入盆邊土壤內，大塊骨頭置於盆底，使能長期發揮效果。

傳統的有機肥好，尤其是效果稍慢且能持續的長效性肥料，因爲無機肥沒有不良的味道，不會因分解發酵而招來蟲害，也不會影響植土的吸、排水性。施肥可在換盆新植後，當植株根系穩定，已有新芽長出時施用，份量可視包裝上的說明，絕對不要超量。

燃燒過的炭屑是烤肉的副產品，可作爲植物的鉀肥來源，能提高光合作用的效率。

至於花、果，若有磷肥的幫忙會更好，通常可在花期到來、花苞出現前施用，若需要果實來繁殖或觀賞，花後再補充一些即可，或者利用吃過的魚，將魚刺洗去油漬，在陽光下曬乾後收藏，剪下的細刺平時可戮入盆邊，直至完全沒入土中。換盆時，則可取大塊的魚骨，置幾塊於新盆盆底，任其緩慢分解，其中的磷就會被植株吸收。

鉀肥，雖然對植物沒有直接且明顯的影響，但能促使光合作用的效率高一些，使枝幹飽滿充實、全株挺拔。平時若能收集一些約一～二公分大小燃燒過的碳屑（喜歡烤肉的人最容易收集），種植時於盆底鋪一層當排水層，或將更細的碎屑（不要粉末，以免影響排水透氣）混於植土中，也能有所幫助。注意，燃燒過的炭渣才能順利將鉀釋出溶於土中，新炭的效果就差多了。

另外，除了市售的各種液體肥料，也可以自製液肥：將燒過的草木灰燼，以十倍份量的水充分攪拌後，靜置數小時沈澱，取上層的澄清液，就是天然的鉀液肥，保存於陰涼處，每隔兩三週就可以施灑一次。

戒除植物的肥癮

購回的植物經過一段時間後，常會顯出生長變差的狀況，這固然可能是家中環境、照料方式出了問題，但部份原因卻可能出在肥料養分上；業者爲了達到迅速出售的目的，栽培期間往往會定期施以速效肥料，這對植物而言無異染上毒癮，肥料一施就精神百倍，時間一過就無精打采。大自然中的植物，養分吸收原本就是緩慢漸進，家中栽培也不以營利爲目標，投入一年兩年的時間，培養出健康漂亮的作品，遠比速成肥胖更重要。不過，新購入的植物，若眞有生長停滯的情形，不妨先補充少量的氮肥，讓它恢復生機，日後逐漸把補充養分的間隔拉長，幫它戒除肥癮後，就能正常生長了。

盆栽的日常照顧

正確的澆水方式

許多人澆水的方式並不正確，把水往盆中央注入是最常見的錯誤。水往中央注入，很快就會從盆底孔滲出，讓人誤以爲水分已經足夠，以此方式澆水，一段時間之後，中央部分的栽培介質就會被沖得凹陷，水往下陷的速度也就會越來越快。想想根系生長的方式：植物根系往外發展，由中央根基部伸展出的是較粗大的側根，由側根再發展出鬚根，盆中栽培一段時間之後，細密的鬚根就會繞著盆缽打轉：粗大的根主要的作用是支撐植物體，眞正能吸收水分、營養的是外圍的細根。水若從盆中央快速流失了，盆周圍的細根只能享受一些些透過來的濕氣，怎能長得好呢？沿著盆緣給水，讓水眞正浸潤了細根，對植物而言這才是眞正喝足了水。

修剪

生活在自然界中的植物，有蟲鳥來取捨嫩芽、動物啃食枝葉、強風吹斷樹枝……，這些都是大自然給植物的修剪。這些自然的修剪往往形成某些特別與美麗的樹型姿態，盆栽之美意在奪取

枝條的修剪

當枝條過度伸長散亂，就必須修剪，以維持外型和生機，同時也是慢慢塑型的過程。

修剪之後雖看起來光禿禿的，但枝幹上潛伏的芽很快就會冒出。

一兩個月後，新芽齊發，比先前的樣子矮了一些，卻也緊密多了。反覆這樣修剪幾次，就能培育出紮實而細密的枝葉。

造化，修剪也就成了必要功夫。但許多人擔心不會剪、不敢剪、捨不得剪，其實修剪是很容易又有趣的盆栽作業。

向上生長是大部分植物的天性，但將枝條剪短了，往前往上的力量受阻，枝椏勢必由側邊尋求出路，同時也會因前端受傷的影響，刺激植物多分生出新枝，於是，經由修剪可將高瘦的外型改變爲低矮茂密。瞭解植物的習性，是修剪前的必備知識。

下剪的位置：先檢視枝條下方是否有芽點，有芽點就可以放心剪短。剪的位置也能決定新枝發出的方向，剪短的枝最頂端的葉片或芽點若靠右，新長出的枝就會向右伸展，反之亦然。如此就可藉由修剪順便調整全株日後的生長型態。另外，多年生叢生型的草本植物，當地上部長得凌亂或枯黃時，也可以自莖基部貼著土表，將地上部剪除，讓它重新發芽；若有明顯主莖，就在莖上一兩節上方落剪，便可改善瘦弱修長的外型。

預留生長高度：植物是活的，修剪時不能以剛剪好的外型爲標準，結果沒多久外型又亂了。最好以預設高度的七至八成作爲修剪目標，剪後待新枝長出，正好補上原先空下的位置。

修剪時機：盛夏與嚴冬都要避免修剪，因高溫時植物新陳代謝快，往往在傷口未癒合前，就由傷口流失大量水分養分而造成枯枝；低溫則新陳代謝慢，傷口癒合不易，遭受感染的機率就大增。避開盛夏嚴冬，修剪的工作是隨時可以進行的。

自然除蟲法

植物碰上蟲類侵擾在所難免，大一點的蟲容易發現並抓除，體型細小或藏匿土中的就不易處理了。雖然大多數的殺蟲劑都能解決此問題，但在家中使用帶有毒性的藥劑總是令人不安，對環境也不健康，此時若能善用「水」來幫忙是最好的。

準備深度足夠的水桶，置放在陽光無法直射之處，避免水溫升高後將盆栽煮熟。當盆栽完全浸入水中，藏匿於枝葉、植土間的蟲類爲了呼吸，就會被迫浮出水面，否則就要溺斃其中。植物浸泡水中一整天不會有多大影響，但蟲兒就很難一整天不呼吸。

隨便一個角落，放幾盆植物，室內的氣氛立刻就不同了，特別是有光線射入的窗台，更是擺放的理想位置。

戶外擺置與室內觀賞

都市的住所中，不容易有太多的空間，也不易有太多時間照顧，所以栽培植物應質勝於量，評估自己擁有多少場所來擺置，能挪出多少時間來照料，就種植多少，若超出範圍，只會使得環境變擁擠，且因無力照料而生長不良。

利用橫置的水族箱遮雨，就能栽植仙人掌或多肉植物。

可在自家有限的空間裡，利用空心磚、木板、磚塊、硬度足夠的厚玻璃，爲植物搭蓋簡單的立體空間。植物都需要陽光，只是需求量各有不同，日照需求大的置於上層，需求小的擺於下層。也可利用廢棄的水簇箱來培育多肉植物，將水族箱橫置，使原先上方的開口變爲側面，下雨時就不會有過濕的困擾。

陽台因位置高，要注意盆缽是否站穩，如能在欄杆或突出的鐵架底部鋪一層木板，看來較美觀自然，盆栽也不易滑動。

陽台上的植物多是單面受光，時時

栽培中的草花，可以集中管理，不僅方便照顧，也能節省空間。

利用展示珍玩的「多寶閣」來放置小品盆栽，除了用意古典，更透著高雅精緻的氣息。

替它們轉個方向才能均勻生長。還需避開冷氣機出風口的熱風，以及經常自樓上滴水的位置，無論雨天或澆水，這些因高處下來的水滴，衝擊力不小，可能沖失盆土使根系露出，也會污染家中的環境。

培養中的盆栽當然以放在戶外爲宜，但人們總喜歡把培育成型的盆栽移入室內觀賞，此時要注意避開散發熱源的地方，如電視、冰箱、音響、燈泡等等。除此，只要能增加氣氛之處都可擺設，但時間不要超過一星期，若是針葉類如松、杉、柏，更以三、四天爲限。移出後，至少也要有一兩星期的戶外生活，才能再進入室內。

許多人學習陶侃搬磚的精神，每晚搬出，翌晨再移入，爲的是讓植物沾露水，使它們更健康，態度確實可佩，但實際效果並非如此，因爲植物所需非月光而是日光；露水也是水，噴霧氣就能製造。植物若要正常生長，需要有晝夜溫差，室外的溫度較低，通風也優於室內，夜晚能使植物得以短暫的休眠。但與其天天搬動，不如每隔幾天就把室內植物全數移出，再換入一隊生力軍，這樣的效果，不但較強，每隔幾天，也可替家中景致作個改變。

第四章◎氣質盆栽的必修課

微型的綠草原——青苔

盆栽之美在於道法自然，微型的山水情境中，青苔就像森林底、老樹下的茵茵綠草，是營造盆景不可或缺的要角，花木愛好者莫不希望能把青苔養好。

其實，青苔的功能不只在於觀賞，它對盆土表層的保護也極有幫助。澆水時，常會不經意地將土表沖出一個凹洞，尤其大多數人都是向著盆中心澆水，形成幹基部位土面凹陷，甚至根系外露，有了青苔的保護，這種狀況就不會發生。夏季艷陽高照，盆土表面容易曬得又乾又熱，此時青苔又能減緩水分蒸發，把高熱隔絕在外。

苔的來源大致有三：野外採集、移自他盆、或用孢子培養。

野外採集快速又便利

這是最常採用的方式，效果迅速但失敗率卻也最高，主要原因就是貪快貪美。野外的岩壁、水邊、坡面上，青苔隨處可見，當我們有需要時，總會去尋找一片看來最綠最嫩的下手，將它刮下來後帶回家就直接覆在盆土上，一時之間盆栽就像是女大十八變，立即展現迷人風采，但幾個星期、甚至只在幾天後，這件新衣便開始破舊，一陣焦黃乾縮翻捲後，只得將它去除，也許等到下回登山健行時再舊事重演一遍。

青苔在原生地並非都生長良好，長得最好的那片，必定佔據了環境最優

美麗的青苔能讓盆景更顯自然，增色不少。

的地盤，無論日照、濕度、土質一定都搭配得完美無缺，然而家中的盆缽是否也能接近這些條件？所謂「由奢入儉難」，用在植物上也是貼切。如果採集因日照不足，日照過多，過於乾燥，過於潮濕等各種不利條件下，生長不良的青苔，開始雖然其貌不揚，但青苔的復原能力極強，或許在短時間內，它就會滿意這改善後的生長條件，漂亮地鮮活了起來。

自他盆移植成功率高

對家中現有的自然生長的青苔進行移植，此方法的可靠度最高，缺點只是數量經常不夠用。可使用小茶匙（如果捨得以鐵鎚將凹陷的匙面敲平會更好用）將原有的青苔鏟起，要略帶一些土壤才行，直接移置新盆上，苔的底部需與土壤完全密合，苔塊邊緣以細土覆住保護，不需全盆覆滿苔，只須在視覺焦點、該保護盆土之處（如盆緣，淺盆尤爲重要）或植株主幹四周，之後，它即能自行繁衍擴展。原盆的青苔無須移植盡淨，留下一小部份，日後還能復原，但青苔被移走的部位應以新土把凹陷處填平。如果空間寬裕，也可

6.完成後充分給水並置於光線充足處。在有植物的盆面上植苔，方法也相同。

野外取苔的栽植過程

1.以扁平的工具刮取青苔。

2.背面凹凸不平的地方，以細粒的土粉填滿補平。

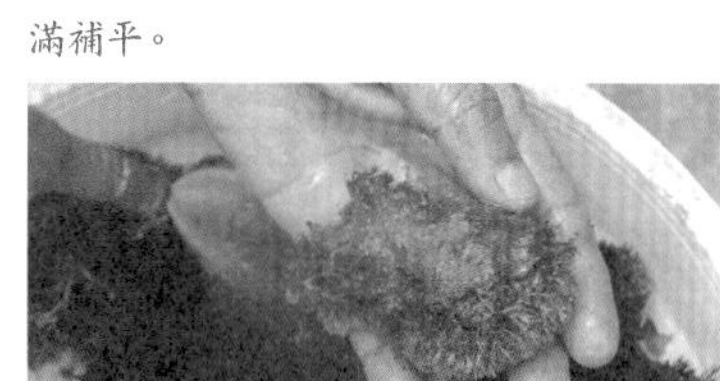

3.以噴霧水的方式將土濡濕，才能附著不致脫落。

4.在青苔上微加施力，壓入已配妥植土的淺盆上。

5.周圍空隙再填滿自己喜歡的化妝土。

青苔的孢子極爲細小，採集時要小心，可以一隻手拿剪刀稍微傾斜地剪下，另一隻手持墊板或硬紙承接，然後再收集入袋。

用較大的淺缽來培育青苔，平日觀賞之餘，也算是經營了一座供應無缺的青苔農場。

孢子培養最自然

孢子繁殖的手續最繁雜、育成時間最久、也最需耐心照料，但成功之後卻最爲自然美觀，眞正想把青苔養好的人，不妨耐下性子由此道進行。天氣漸暖之後，原本平坦的苔面會冒出一根根細如髮絲的東西，上方有一粒可愛的小圓球，那就是孢子，起初是綠色的，一兩個月後會轉變爲深咖啡色，就代表孢子成熟了。

選個晴朗好天氣，待日出後幾個小時，確定露水消失後再動手收集，因爲孢子體型極小又極輕，一旦沾染水分就很難處理。採集後，均勻灑佈於盆土，不需太密，每十元硬幣大小的範圍約十多粒即可。佈好孢子後取一張衛生紙（不要用質地較堅韌的面紙），將土表全部覆住，再以噴霧方式濕潤盆土，噴濕後不可把露在盆外多餘的紙去除，若急著想先弄乾淨，很容易讓安排好的孢子移位或掉落，衛生紙能透光、吸水、透氣，更能保護這些孢子不致被沖失吹散。一兩個月後，原本相當不好看的衛生紙會漸分解，同時土面也開始有了微綠的變化，植苔就算成功了。在這期間，記得日照水分都不可缺少，給水時小心，不要將土表沖散，大雨來襲前，也要移至安全處，才不致前功盡棄。另外，若事先把盆土佈置成略有高低起伏的樣貌，成果也會更自然。

青苔雖好，但過度繁茂，甚至開始附著植株往上爬升時就務必去除，它們會使植物表皮受損、過濕，影響樹皮的呼吸作用，盆土表層也可能因而透水透氣變差，恰到好處才能將苔的長處完全發揮。

青苔長得過度茂密而爬上樹幹，也會影響植物的呼吸，務必予以去除。

營造老樹氣象——矮化植株

常有人問如何把植物變小？其實誰有通天本事把長大的植物縮小。讓植物有變小的感覺，通常是利用修剪、控制水分、摘芽、日照充足、縮小培育空間的方式來達成的。經矮化之後的植物看來是否自然，因作法的細緻與粗糙，會呈現極大的差異。

截幹後處理傷口：「截幹」並非矮化植株最理想的方式，但大多數人都抱持著把植株養大養胖了再來處理的觀念，截幹反而成了最常使用的方法。培育植物的高妙之處，就是下了大功夫，也不讓人看出，以修剪而言，即是得把人爲傷口處理到不明顯或完全消失。因此，截短前要先確認下方是否有明顯的芽點或節線，健康的植株切短後，很快就會發出新芽，待新芽長結實後，就要處理平切時的巨大傷口，若只有一個芽，那麼順著芽的下方將原先的傷口斜切，有兩個芽時，則由兩芽之間切出V字型的切口。如此一來新芽往上持續生長的同時，傷口會漸漸癒合，終究能讓傷口消失。反之，若不處理傷口，可能

截幹的處理

1.在預定的高度截斷後，需以利刃將傷口削平，才能均勻長出小芽。

2.將位置不良或過於擁擠的新芽去除，可使留下的芽長成更健康的枝條。(截幹後一年)

3.一年當中不再修剪，使枝條長得更粗壯。(截幹後兩年)

4.經過數年，截幹的傷口已癒合，上部枝椏也因反覆的修剪而成了茂密的傘狀外型。(截幹後十年)

截幹的傷口要處理乾淨，勿留下一小段殘枝，將來才能完美癒合。

會形成腫塊或中心部位腐朽中空。

植於小盆：此外，把植株植於較小盆中，發展一受拘束，植株的體型必定會較小，要是再配合摘芽，使植物往上竄升的力量受阻，就有可能分生出較小的芽，或由下方再萌出芽來。如此會使植物往上的速度變緩，而且分生出較多的芽，也會使枝條有橫向生長的可能，植株看來就會矮些、寬些。

控制給水：控制水分也是讓植物短小結實極重要的工作，植物吸收水分之後，定會有部份貯藏於樹幹枝條中，當盆土乾燥時不會有立即枯萎的危險，這時它們也會自行調節新陳代謝，並將枝葉下垂以避開強光，同時減少蒸散面積，此時當然也是停止生長的。如果能拿捏好這種時機，再予以補充水分最好。經常保持盆土潮濕，植物固然安全，但生長速度也快多了，而且植物含水多時，枝條會有抽長且較不堅實的生長狀況。

被置於陰暗角落的夏枯草，徒長的枝葉柔軟細長，毫無生機。(盆寬5公分)

充足的日照：日照充足其實是使植物矮化過程中最重要的一環。光合作用是植物的本能，光照不足時，枝幹會伸長尋覓光源，葉片擴大以求增加日照面積，植物體態就會變得瘦長鬆散，如果自作聰明，想補充養分以彌補光合作用的缺失，結果會更加不利，葉子光合作用的天性不會改變，加入的養分反使葉片更大、枝條更長。日照不但使植物增強殺菌能力不致生病，明顯的日夜溫差也能正常地調節生長，不致出現徒長的現象。

循序漸進才能使植物矮化得自然，遵守以上這些要點就不難做到了。

在全日照之下，夏枯草長得結實短小，並且開了飽滿的花。(盆寬2公分)

盆中山景——附石

有些人喜歡在植物旁放置各種造型、色彩的石塊，好讓盆栽看來更加渾然天成，這就是附石栽培嗎？這只能算是一種裝飾搭配，不能稱為附石栽培。植物必須是生長在石上，或根系至少有一部份與石相依緊靠，才能稱得上附石。附石栽培看起來有點難，不過只要慎選石材、植物，加上施作方法正確，很容易就能完成滿意的作品。

草本植物的附石

選用質鬆多孔的石材：草本植物的附石首重石材，除型態之外，還要注意吸水性，因草本植物的根系以細根居多，它們會想盡辦法鑽入石塊的縫隙孔洞，除了抓牢自己，也要吸取石中的水分。因此，石材的選擇要避免堅硬平滑，比較理想的是珊瑚礁、石灰岩、砂岩、咾咕石、甚至燒結的煤渣塊。

型態與穩固：挑選型態合宜的材料，最好考慮能站穩的石塊，要不就用敲、磨、切，利用手邊工具，要讓石塊有穩妥的重心，站不穩的石塊日後就很難配盆。

從小苗種起：草本植物的生長通常較快，不要貪心直接把較大植株植於石上，小苗的適應力強，對水分養分的需求也少，讓它們附於石上慢慢長大，才是正確的作法。挑選植物時，盡可能不用一年生草本，否則花費精神，卻只能享受短暫時光。

栽培要領：先在石上預備附石的部位抹一層薄薄的黏土，將小苗的根系稍加整理，使之扇形開展，剪去過長不整齊的部份，再平貼於石上，外部的根系略用水苔覆蓋（若蓋上一大團，日後的清理工作將更麻煩），覆好後，以塑膠繩將植物根系纏繞幾圈固定在石上，再將石塊植於保水良好的土中。有些草本植物，像是虎耳草，都是細小的鬚根而無主根，它們的附石栽培就更簡單了，無須繩索纏綁，直接包裹水苔植入石縫就可以。

適合草本附石的石頭

咾咕石

珊瑚礁

砂岩

煤炭渣

草本的附石（以虎耳草爲例）

先備好材料。珊瑚礁先浸水幾日並換水多次以除鹽分，順便清除孔洞中的砂石、海藻、小貝殼等雜物。虎耳草取體型較小的，先去除部份舊土，再把根系剪除至只餘2公分左右。水苔要先泡於水中吸飽水分。

取兩小團水苔由左右兩方包住根系，完全包覆住再整理成球狀，這個根球需比預備植入的洞穴大一些。

以鑷子輔助植入孔洞中，當根球進入洞內後，水苔即會開始膨脹恢復原狀，此時靠著水苔就能將植株牢固地撐在洞內了。

多找些適合的洞穴、多植幾株看來會熱鬧些，日後若太擁擠再做挑選。完成後立刻將葉片噴濕，放置在半日照的地方。日後的工作除了與一般盆栽般澆水之外，記得去除老化變黃的葉片；水苔不必清除，時間久了自然就會分解。

注意，根系位置絕不能埋入或太靠近土壤，附石的原理是希望由石塊吸收水份，再將水供給植物根系，植物爲吸水就會努力鑽入，因而附著結合；若直接埋入土中，這些根系當然選擇朝鬆軟的地方發展，誰還願意往堅硬的石中鑽？

植妥之後，日照很重要，陽光的熱力會使石塊表面乾燥，但內部仍有經由下方毛細作用吸取上來的水分，植物根系本就具有尋找水分的本事，自然就會往內部發展；而且此時沒了土壤中的養分來源，光合作用的重要性也就更凸顯了，要是怕曬傷而置於陰涼處，附石將難以成功。

大約一兩個月後（視種類會有快慢的差別），可見新芽新葉冒出，此時就可拆除塑膠繩，除去水苔，移置淺盆或水盤中觀賞。草本植物的根系若無法盡情發展，植株就會生長得比正常尺寸來得小，因此，若石塊夠大可在適合部位多附上幾株，植株會常保持嬌小。

木本植物的附石

選用堅固的石材：木本植物所需的石質，恰與草本植物相反，所謂的「樹」，都有發達的主側根系，而不是以細根爲主。隨著它們的長大長高，下方需有強大的支撐力，若選用的石材不夠結實，往往會被撐破、擠碎，導致前功盡棄。

從小苗種起：選用的植物也以小苗爲宜，因爲此時根系尚未完全硬化。適合的植物有榕、楓、槭、榆、九芎……等，較小型的灌木可選擇六月雪、福建茶、杜鵑、狀元紅，這類枝幹形態優美、根系發達的樹種。

栽培要領：比較起來，木本植物的附石較易成功，但所費時間也長多了。找尋凹凸有致或有深刻裂縫的石塊，將植物根系想辦法伏貼於這些凹處；若不能完全伏貼，可用較寬且略有彈性的塑膠繩，將根系完全牢固於石上（注意，勿用細繩或金屬絲，否則會陷入而形成難看的疤痕），要盡量使根系與石之間沒有空隙，但也不可用力過度而造成破皮。

綁好後，將超過石塊底部的根剪除，植於土中。這部份與草本植物的作法完全相反，根要完全埋於土裡，以便快速生長變粗，才能將石塊抱住。建議使用白色或透明的塑膠軟盆，因植物根系都有畏光性，盆缽外表若有光源進入，根就不會往外發展，加上膠繩的束縛，根就會乖乖的依附石塊生長。

附石的工作最忌貪快貪多，循序漸進才能配合植物生長。此後的

附石栽培前半期，使用黑色軟盆有利於剪除下降盆緣；當軟盆下降約一半之後，可移至素燒盆栽培，畢竟素燒盆的環境較有助於植物生長。（附石栽培中的青楓小苗）

作法就要考驗耐心了，每隔一段時間（依樹種生長速度會有差別），大約二、三個月，就把盆的上緣剪除二、三公分，並剝除表土，讓一部份的根系露出，這些露出的根系受了外界的影響，例如光照增加、水分減少，之後會增粗以抵抗這些干擾，並促使下方的根系更快發育。如此持續施作幾次，根與石就能完美的結合，大約一年後就能移至素燒盆中繼續培養，或移至成品盆中。

附石成功之後，以一般的修剪照顧就行了，但也不宜植入太大的盆中，根系若有太大的生長空間，就可能會將石塊拱出土面，造成不易處理的窘況。

7.幾個月後，葉片增多，樹幹也明顯變粗了，就可切除部份軟盆上緣。

8.當軟盆剪除約一半之後，根部的附著應該也已經完成。之後可移至素燒盆再培育，或者準備移入成品盆觀賞。

9.取出石塊，拆除繩索，可見根系已經緊貼於石上。

10.植入理想的盆中後，小巧的附石盆栽就出現了。

木本植物的附石（以青楓爲例）

1.準備材料：小苗、石塊、塑膠繩、軟盆

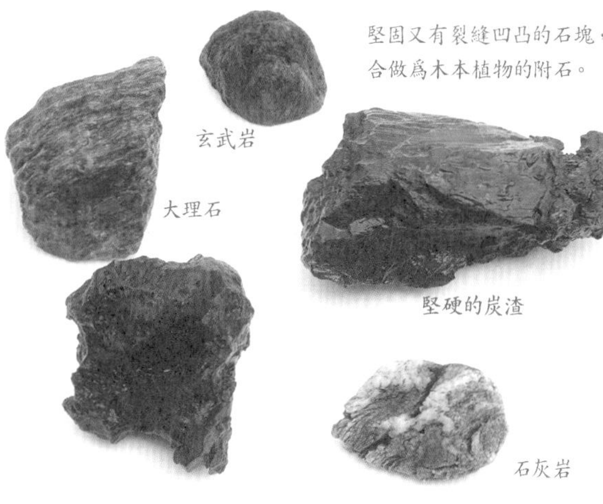

堅固又有裂縫凹凸的石塊，適合做爲木本植物的附石。

2.找出理想的附著處。

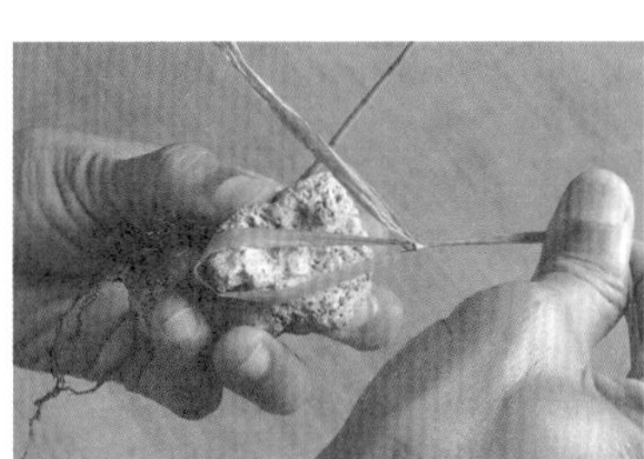
4.以這圈圈鉤住石塊的凸出處，才能空出手來做後續動作。

6.剪除超出石塊的根，植入軟盆。

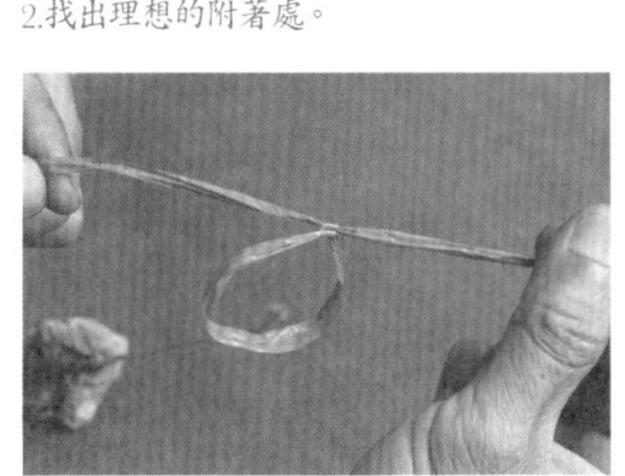
3.預先將塑膠繩綁出一個小圈圈。

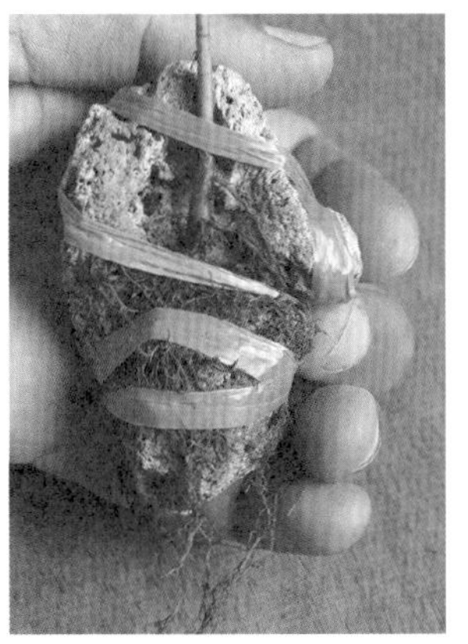
5.纏繞塑膠繩，將根系與石塊緊密結合，但也不要繞太多圈，以免影響根系生長。

可觀的下盤藝術——露根

根系經過四年的培育之後，露出土面如此的長度，之後又以三年的時間，利用每次換盆慢慢傾斜，育成現在的模樣。（杜鵑，左右10公分）

植物的根，因長年埋於土中，容易讓人忽視，其實根部的線條，比起單調的枝條，更是富於變化。植物根系不能像枝葉般毫無限制的往空中發展，栽培介質的軟硬及顆粒大小、盆缽外型與深淺、排水性及保水性，這些都會使根部的伸展產生不同的去向，有時直伸入土，有時盤旋盆壁，在我們不知的情形下，發展出極富變化的模樣，要是能欣賞也是一大樂事，只是要把向來不見天日的根系呈現眼前，得花些功夫。

以紙筒栽培根部

要將植物的根直接暴露於土面，水分的保持與陽光的熱力，都是極嚴苛的考驗，冒然拉出非常容易失敗。

利用家中或辦公室裡，如保鮮膜、影印紙等紙質的捲筒作爲盆缽，最適合露根培育。先要設定植株的日後高度，把太長的捲筒切短至合適長度。由於深度大幅增加，會使排水性變差，植物根系置入後，將紙筒穩固於盆中，紙筒底部的三分之一深度，要使用顆粒較大的土質，再依序放入中粒土、細粒土，最後徹底給水，務使筒身內部完全濕透。完成後身高增加的植株，重心很不穩，要擺在不易被碰撞或風吹的位置，若在烈日下翻倒，待發覺時往往已回天乏術。

階段性地露根

栽培期間要多注意新枝椏的發展情況，兩三個月後，若明顯看出已有伸展變高，就可知根系已向下伸展了一些，此時可用剪刀將紙筒上緣剪除幾公分（剪時要小心，別傷及貼在筒壁生長的根系），剪後將土剝除，就可看到顏色較淺的根系。此時因一小部份的根部暴露出來，對植物可能造成些許負擔，應當把上方新長的枝葉修剪一下（若根露出兩公分，上方枝葉則至少也要剪除兩、三公分），露出的根離開了植土，開始接觸陽光，受此刺激，下方的根會往更下方發展以求自保。如此，再過幾個月，剪過的枝葉又開始生長時，就按原方式把捲筒再降低一些，慢慢地，根系就會挺立眼前了。

進行露根培育絕不能急，下方根系還未發展健康，就急著降低捲筒高度，或一下子降低太多，都不利於植物。擺置的場所也須注意，不可爲了躲開強風，而塞入角落，造成日照不足、通風不良。捲筒若太小，可用裝羽球、網球的筒子，但別使用很難剪的硬質膠管。一般紙筒在盆土濕潤的情況下，持續一年也沒什麼問題。

露根的步驟（以連翹爲例）

1.已培養三年的苗木。

2.由盆中取出後，去除舊土，並將糾結的根系整理好。

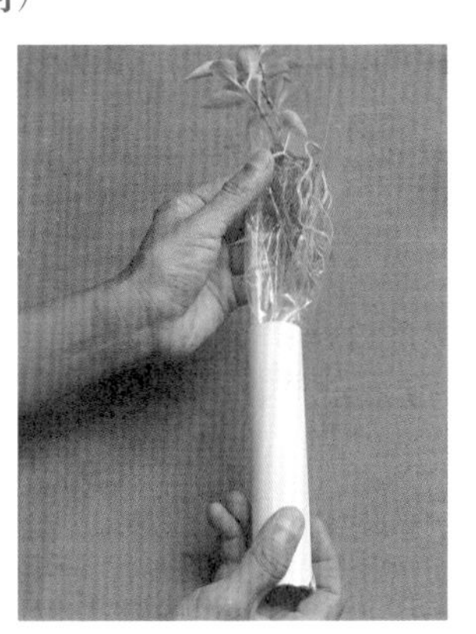

3.將根系套入塑膠袋內，並將塑膠袋小心裝入筒中。由紙筒下方抽出塑膠袋，所有根系就能順利進入筒內。

4.底盆以粗粒土將紙筒置妥，將植土填入筒身，用竹筷將土填密實，最後由紙筒上充分給水。

5.幾個月後，剝除約3公分的紙筒。

6.半年後又露出三公分，根系的線條已經慢慢出現。待露出想要的高度之後，就可以移植到新盆。

我把森林變小了——合植

盆栽多是一盆一株分別種植，若多株併植，就稱爲合植。大多數的合植都以同種類的植物爲主，如此生長習性、體型、葉型、枝型都相同，管理上容易，整體搭配也較協調。不同種的植物合併於同一盆中，要考慮的條件會多出不少，譬如對陽光、水分、土質的需求是否相同，葉型、葉色、枝型、生長速度、是落葉還是常綠、宿根性等條件都要設想週到，才能有完美的組合。習性相差太多的植物，是難以並存於盆中小天地的。

草本植物的生長通常快得多，植於小缽中，根系很快就會因生長而結成盆缽狀的根球，放入大盆中也會如此，只是時間能拖長一些。所以草本植物的合植，最好以短期的組合爲宜，選擇在同一段時間裡展現最好的植株，以造園的方式配置，在一方小天地中，就可同時見著花、葉、果等天然美景。草本植物的變化快，花謝、落果，外型很容易發生改變，欣賞過後，可將它們一一植回培養盆中，待時機再度到來，仍有機會重現美景。若任它們在盆中生長，幾個月後就可能成爲雜草叢，也很難再整理

草花的合植

選擇生長環境相近似的植株，先在盆中略做位置的安排。如意草、耳挖草、綬草，都是春季潮濕草地上可見的小巧野花。再搭配具有線條美感的彩帶草，正好可掩映綬草花序下方的單調。

大盆先配置好盆底粗粒石之後，將這些植物一一取出，按著高矮順序由後往前排列植入，以便觀賞到全景。最後鋪上化妝土及青苔，使整體更自然美觀。

木本植物的合植

備妥合植的苗木、石塊與盆缽。選用的植物爲高聳的柏、枝椏橫伸的榔榆、細密低矮的杜鵑，以便營造上下分明的層次感。

合植後能維持很多年的觀賞期，每一年都能見到不同的樹勢風貌。栽培期間也要不忘修剪。

回原樣。

木本植物的合植就比草本植物理想些，雖然不如草本植物合植所展現的繽紛、溫暖，不過氣勢上卻強多了，高挺的喬木配上中型的植株，下方輔以低矮的灌木，若再置入適當的岩塊，更能浮現荒原景致。植物的體型雖有差異，但若是生長環境的需求相近，也能長期共居一室，常綠的針葉樹、葉片會轉黃變紅的落葉樹、開花的小灌木錯落分佈，天地雖小，四季變化盡在盆中，也是值得嘗試的作法。

小樹也能變森林

缺乏耐性，總是植物栽培者最大的心理障礙。想想，甫發芽萌出的小苗，須養育好幾年才略具觀賞價值，許多人不願空耗時間，就以購買成株爲主；購買雖然能得到瞬間滿足，卻總是少了拉拔培育的情感，也少了培育過程可貴的經驗。

想以小苗獲致成就感，必須善用「團結力量大」，把嬌小的苗木併合一起後，整合成一片小森林，單株的瘦弱就不明顯。

直接將種子播於盆中，是最直接簡便也較自然的作法。但因種子的成熟度不見得相同，有些先萌發，有些則晚些，有些甚至不發芽，所以寧可多播些，太擁擠時再將部份拔除。

自行扦插的苗木，發根後就需移植，可一一分別種植，也可直接將全數苗木完整移植至新盆。種植森林式的盆栽，淺盆是當然選擇，盆壁太高，會失去地表的感覺，使用淺盆，除了視覺需求外，淺盆也會使小苗發展側根，粗大的直根不易出現，也正好符合盆栽植物的要求。

況且，二十株小苗分別植入二十個小缽，需土量雖與併於一個淺盆的需土量相當，卻因少了二十面圍牆，每株小苗享有的空間又更大了，於是，在我們欣賞小景的同時，它們也正以更快的速度茁壯。

安排小苗不見得要佈滿盆面，也許分成兩三個群落，也許只靠著左半面或右半面而留下一處空地，如何安排都行。但得把最大最壯的放在中央，它們才能平均發展，否則較小者若置於中央，會因日照通風不足而遭周圍高大的同伴擠壓。

當這些植株根系佈滿盆中，並已開始自盆緣爬出時，也已長得夠壯了，這時就能夠移出單獨培養。要是已對這片森林有難以割捨的感情，不妨就繼續將它視爲完整的個體，去除較弱或位置不良的植株，將所有植株的根系當成同一株，修整外圍過長的根系，再移入稍大的淺盆，同時修剪枝葉。修剪方式也是將整盆視爲一株大樹，不再單獨計較各株的模樣，再過一兩年，它們糾結的根系也不容易分開了。

小樹變森林

1.扦插已一年的榔榆小苗。

2.由培養盆取出後，去除原來盆底的粗粒石，降低土層厚度，並略調整整體位置，以搭配新盆器。

3.淺盆配好盆底網、粗粒石之後，將整片苗木完整移入，並補充新土。

4.覆上適合的青苔，可幫助苗木站穩，也能保護壟起的土表。

略做姿態角度的調整及修剪，就已完成小樹林的雛形。

第五章◎盆栽實例

草花篇

野外草本植物的栽培有諸多優點：繁殖容易、成長迅速、取材不難，短時間內就能享受開花結果的樂趣；甚且花朵模樣、數量、色彩往往比木本植物豐富。在栽培的過程中，能熟悉一株野草的生活史，見證它們由萌芽、發葉、成長、開花、結實、母株枯萎、再開始下一代的新生，這樣的經驗必定是深刻而令人感動的。

也許有人認爲草花植物生命短，不值得下功夫栽植，那麼建議您盡量栽培多年生草本植物，它們都能有很多年的壽命。由於新陳代謝快，每一年在花後或入冬給予強修剪（有些宿根性草花，入冬後地上部也會枯萎，無須修剪），第二年又能發出截然不同的外觀，並且越來越細緻茂密。草本植物事實上更有條件繽紛您的住宅與陽台、花園。

自磚縫裡取材移入盆中四年，根莖部已經長得相當粗壯。（盆寬6公分）

科別：菊科
學名：*Pterocypsela indica*
生長形態：一至多年生草本
野外生長環境：向陽的路旁、荒廢地、田野
日照需求：半日照
土壤條件：排水良好的任何土質
開花期：全年

鵝仔草

【栽培照顧】

鵝仔草生命力強韌，若長於開闊地，便是一柱擎天的模樣；若在牆縫、磚隙間生長，根莖也會扭曲纏轉，變得奇形怪狀，但上方依舊抽出青翠的綠葉。平日無須特別照顧，只要去除老化的葉片。植入恰可容身的小缽中，可長久保存怪異的根基部，一旦植於大盆，就會迅速恢復原本肥胖的外型。

【取材與繁殖】

播種繁殖雖容易，但建議在牆縫角落處選材，取得各種樣貌的成株。採集時，剪除過長的根鬚及上方所有莖葉，植入盆中後大約十天新芽就會萌出。

取自空心磚旁鑽出的植株，移入盆中三年。（盆寬9公分）

通泉草

【栽培照顧】

常見的小型野草，只要水分陽光不缺就能好好成長，還能由根基部分生小株。雖然圖鑑記載為一年生草本，但盆植時也會過冬、甚至多年生長。

平日無需動剪整修，只須去除老舊葉片，若殘留一小段葉片，會發黑並塌在土面上極不雅觀。去除葉片可直接以手指貼著葉基部拔出，不要用刀具，因它體質極脆，刀剪伸入密生葉叢，常會不小心把植物體弄斷了。

【取材與繁殖】

播種、扦插皆可。有時種子飄來，可能就在自家其他花盆中自然長出。因通泉草常群聚大片生長，也可直接由野外移植小株栽種。

單株植於石盆中，也頗有幾分禪意。（石高5公分）

科別：玄參科
學名：*Mazus pumilus*
生長形態：一年生草本
野外生長環境：平野至低海拔潮濕的草地、路旁及溝渠邊
日照需求：半日照
土壤條件：排水良好的腐植土
開花期：2～5月

播種栽培第二年，已經生長得相當茂盛，花後可以試著分株到其他盆中，也許能意外多欣賞幾年。（盆寬10公分）

此株直接從住家庭院角落移植上盆，開花結果持續一兩個月，擺置在窗台一角，小巧生動。（盆高3公分）

紫花酢漿草

【栽培照顧】

紫花酢漿草與黃花酢漿草，栽植上有極多不同。

紫花酢漿草葉片大，直接由根基部長出長長的葉柄，靠地下鱗莖慢慢擴大領域；生命力強，極度乾燥時，即使葉片枯乾，土中的鱗莖仍能支撐，等待時機又迅速冒出新葉。不過，它的鱗莖會漸漸往下深入，一兩年後甚至達到盆底，因此，最好選擇略有深度的盆缽。種植時，可以把鱗莖置於盆面中央，讓它們像整束花般生長，也可把鱗莖剝解成小塊，散置於盆面四周，就會出現草原般的景象。

無論紫花或黃花酢漿草，至少都要有半日照，否則不易開花。紫花酢漿草的植土排水性尤其要好，才不致使鱗莖腐爛。

【取材與繁殖】

取地下鱗莖繁殖。

紫花酢漿草的鱗莖

科別：酢漿草科
學名：*Oxalis corymbosa*
生長形態：多年生草本
野外生長環境：普遍長於平地、路旁及庭園
日照需求：半日照以上
土壤條件：排水良好的壤土
開花期：冬至夏，2～4月爲盛花期

冬季埋下的一球鱗莖，早春已經長葉發芽，姿態也隨著花莖的線條而改變，每年都有意想不到的面貌。舊碗底部打個洞，也可以變成古意的栽培容器，這樣的搭配相當親切。（盆高6公分）

黃花酢漿草

【栽培照顧】

黃花酢漿草葉小，沿著蔓莖長出，一旦莖節接觸土面，就會長出根來鞏固地盤，有時看來滿佈盆面，其實是同一株，這蔓生的習性，適合以高瘦的盆缽或吊盆，種成懸垂的型態。植入根基部後，讓莖懸垂於盆外，裸露的莖若長出根，就要全部剪除，能避免失水，同時也能減輕重量，看來更清爽。不過，沒有鱗莖的黃花酢漿草，少了地下水庫的支援，也削弱了耐旱的本事，一旦枯乾就無力回春，濕潤才能長得好。

黃花酢漿草的種子在成熟之際可以彈射至四周幾十公分，種了一盆之後，要當心鄰近的盆缽可能遭受侵略。

【取材與繁殖】

以種子或扦插繁殖都很容易。

科別：酢漿草科
學名：*Oxalis corniculata*
生長形態：多年生匍匐性草本
野外生長環境：普遍生於平地及低海拔地區
日照需求：半日照以上
土壤條件：排水良好的壤土
開花期：春至夏

利用匍匐性蔓莖的特性，適合種成吊盆形式。此盆器類似早期的筷仔籠樣式，也可掛在牆上觀賞。（盆寬15公分）

有時當年的開花狀況未必良好，那麼好好讓這一年的日照、養分多一些，來年就可望有較好的花況。（盆高9公分）

夏枯草並無粗大的主根，適合植於極淺的盆缽，再用貝殼砂作爲盆面的裝飾，就能出現海濱的氣氛。此盆採直接播種於配好的盆土上，植株長得不錯時，再鋪上貝殼砂。（盆高1公分）

科別：唇型科
學名：*Prunella vulgaris* var. *asiatica*
生長形態：多年生草本
野外生長環境：常見於台灣北部海濱及低海拔山野
日照需求：全日照
土壤條件：肥沃的腐植土
開花期：春夏

夏枯草

【栽培照顧】

若以字義來說，夏枯草應該是一到夏天就會枯萎，其實不然，在野外，它們是過了盛夏，開過花後才漸漸枯乾；但栽植盆中，花朵有時可維持到秋季，莖葉直至入冬才漸乾枯，觀賞期很長。

枯乾後，可將所有乾枝剪除，千萬別用手拉，否則會將下方即將進入休眠的地下部扯傷。之後只要維持盆土略濕潤，就可靜待明年春再度綻放。新芽萌出時，記得日照要充實，讓植株結實，不致因瘦高的枝條影響了花姿，開花前可略施液態磷肥。

【取材與繁殖】

花開過後，種子就在狀如小玉米穗般的果序中，整個夏季都可採集。採集後收藏，翌年的冬末春來前播入，當年就有花可賞。

此盆已栽培兩年，莖葉一年比一年茂盛，開花期可移入室內欣賞，若希望結實採種子，最好有段時間移到陽台或户外，讓蟲兒爲它傳粉。（盆高6公分）

虎耳草

【栽培照顧】

虎耳草在郊區住家附近很常見，栽培更是容易，它對土壤、盆器都不要求，只要盆不會積水，就能生長良好。日照充足時，葉子長得結實、葉面小、顏色略帶紅褐；種於陰涼處葉子就長得大。將多株種成一大盆，也能營造草地的氣氛，花兒齊開時更是熱鬧。

選擇草本植物來作附石栽培，應該選擇個子小、沒有雜亂枝條、根系發達的植物，最好還能開出可愛的花朵，虎耳草完全符合這些要求，附石栽培過程請參見62頁。

【取材與繁殖】

剪取走莖上的子株栽培；或在成片生長的族群中，直接移植一兩株上盆。

←附著在珊瑚礁上栽培六年的狀況。不僅葉片越來越茂盛，自第二年起每年都有相當可觀的花，由於花序大型，花期也頗長。（石高21公分）

即使在未開花期，精緻的盆與葉也相當賞心悅目。（盆高1.5公分）

科別：虎耳草科
學名：*Saxifraga stolonifera*
生長形態：多年生草本
野外生長環境：常見於中北部低海拔山區陰濕環境
日照需求：半日照至全日照
土壤條件：土質不拘，只要排水良好
開花期：4～5月

上圖的盆栽於半年之後的春季抽長了花序，並伸出走莖；利用走莖上長出的子株，又可以繁殖出更多小小盆景。

蛇莓

【栽培照顧】

蛇莓是典型的地被植物，小綠葉往往遮蔽了地表，天氣一轉暖，先是冒出鮮黃的花朵，不久一顆顆的鮮紅果實也在葉叢間逐一形成，就像縮小了幾倍的草莓，滋味雖然不佳，也是可以吃的。

它們的莖節一接觸地面很快就會發根，一旦發根，吸收能力增加了，前方的生長也就更旺盛。培育蛇莓很容易，只要由地面拉起一長條，再分段扦插就夠用了。這蔓生的習性，也適合以高瘦的盆缽或吊盆，種成懸垂型態。

蛇莓喜歡較潮濕的環境，過乾時葉片常變得焦黃。照顧時，注意別讓葉片過度茂盛，造成嚴重的上下相疊，否則下方的葉會很容易腐爛，除了不雅觀，也可能讓根莖受害。開花結果之後可略施氮肥。

【取材與繁殖】

播種或將走莖分剪成小段來扦插繁殖。

部分走莖會有枯黃現象，要隨時修剪才能保持整盆的美觀。(盆寬20公分)

科別：薔薇科
學名：*Duchesnea indica*
生長形態：多年生蔓性草本
野外生長環境：平野至中高海拔的山區皆可見
日照需求：半日照
土壤條件：肥沃的腐植土
開花期：全年

盆面上結的果實成熟掉落後，又自行萌芽長出新苗，因此能一直維持滿盆的翠綠。

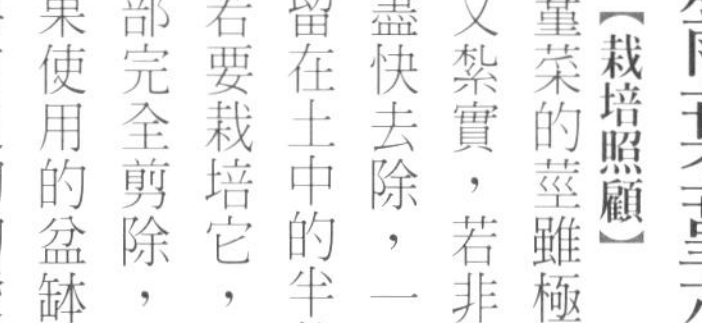

箭葉堇菜

【栽培照顧】

堇菜的莖雖極短而不明顯，粗大的主根卻能往下竄得相當深又紮實，若非特別想培養，否則若在其他盆栽中發現，就要盡快去除，一旦任它成長，可就不易拔出了，即便拔斷，存留在土中的半截根，很快地還會發出更多更密的新枝。

若要栽培它，正好也可利用這種特性，在花期過後，將地上部完全剪除，通常長出的新枝葉冒出後又會帶來新花苞。如果使用的盆缽不夠大，一年剪除兩三次就好，畢竟，根部需要有足夠的發展空間，才能承擔這種強烈的多次修整。

【取材與繁殖】

當蒴果昂首舉高的時候，也就是成熟即將開裂彈出種子時，此時採集播種，發芽率最高。其實不需特別收集種子，種子成熟後會自然彈出，在母株附近都可輕易找到自生的小苗。

科別：堇菜科
學名：*Viola betonicifolia*
生長形態：多年生草本
野外生長環境：平地至低海拔山區
日照需求：半日照
土壤條件：質地細緻保濕力強的土壤
開花期：春、夏、秋三季

由於葉片相當開展，適合搭配盆面較寬的盆，同時也能承接散落的種子來育苗。（盆寬8公分）

如意草

【栽培照顧】

如意草又稱爲匍堇菜，顧名思義，就知它有貼著地面向前匍匐伸展的特性，若種植在高瘦的盆中，就會出現懸垂半空隨風飄盪的景致。由於具有多分枝的走莖，無需再作摘除新芽的動作，但節間若有不定根生出時，要將它們剪除，否則因重量增加，及根部發展成熟便自行脫離母株的特性，莖條可能會在半途斷落，就失去了輕柔優雅的外型。

【取材與繁殖】

播種，或自成熟株上剪取莖節已帶根的一小段種植。如想大量繁殖，可種植在扁平的盆缽上，每有新株往盆外伸長時，就將它們整理移入盆中接觸土面促其發根，不多久就有許多新苗可用。

如意草雖可懸垂生長，但切勿任莖條長得太長，大約15公分以上就需要剪短，否則會出現只見下方有葉，中間部位徒留蔓莖的情形。（盆高20公分）

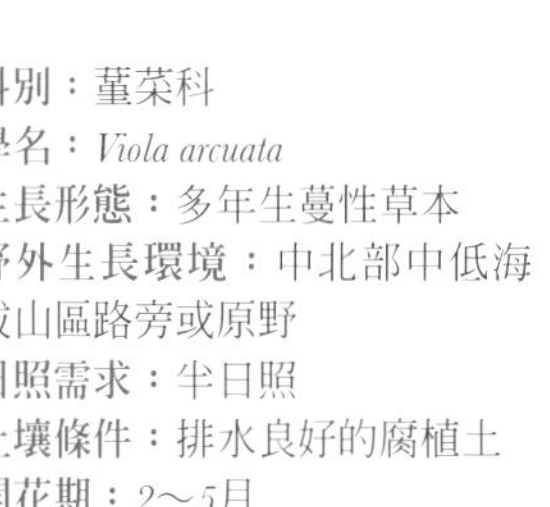

科別：堇菜科
學名：*Viola arcuata*
生長形態：多年生蔓性草本
野外生長環境：中北部中低海拔山區路旁或原野
日照需求：半日照
土壤條件：排水良好的腐植土
開花期：2～5月

台灣胡麻花

【栽培照顧】

胡麻花一年就只一、兩個月出鋒頭，平時它的葉平鋪展開，葉色也不特別亮眼，在野外往往不易察覺它的存在，但在農曆年後會由葉叢中心冒出一根約十公分長的花梗，在頂端開出白色略帶粉紅的小花聚成花團，年輕的植株大約二～三朵，老株則可開出六～九朵左右的花。種植時，可用市售的腐植土再加上少許蛇木屑較好。冬季並不休眠，隔年春天於根莖處會再發出新株。由於根部容易腐爛，栽培過程中最好不要施肥。

【取材與繁殖】

播種或移植小苗。老葉葉尖接觸土壤後，有時也會無性繁殖生出子株。

科別：百合科
學名：*Heloniopsis umbellata*
生長形態：多年生草本
野外生長環境：中北部海拔*700～1200*公尺潮濕的山坡地
日照需求：半日照
土壤條件：鬆軟的腐植土
開花期：*2～5*月

胡麻花都是單株生長，若將數株合併於大盆中就會顯得熱鬧一些，由於根系又細又長，寬大的盆對生長也較有利。(小盆高3公分；石盆寬17公分)

紫芋

【栽培照顧】

紫芋是姑婆芋的近親，無論外型葉型、生長習性都近似，但紫芋的莖、葉柄都是迷人的深紫色，體型也小了許多，喜歡清涼感卻容不下姑婆芋這種大體型的居家環境，紫芋就是最佳選擇了。它們隨遇而安，在小盆中也能生長良好，葉片不多，盆中栽植通常頂多四到五枚，當舊葉片有損傷時才會再冒出新葉來。紫芋不見得要植於水中，只要保持盆土濕潤就行了，炎夏直射的陽光會使葉片曬焦，雖不致影響生長，但美觀就打了折扣，因此，夏季擺在明亮但沒有直射日照的位置較好。

【取材與繁殖】

取塊莖繁殖。盆中栽植，尤其是小盆，開花不易，但分生塊莖的能力不錯，在小盆中的植株會分生出更小的子球，若想要栽培更多小型植株，不妨將它在春季取出尋找小球，只需用手一剝就可輕易取得。

盆的內徑只不過小於3公分，竟也能安身二、三年的時間。擺置在茶席上，精緻典雅。(盆高4公分)

若經常把老化的葉片連柄剝除，日久之後就會有粗壯的塊莖，比起高瘦的長莖看來更有歲月的感覺。(盆高7公分)

盆中種植已三年，雖矮化了，但仍能分生小株，使這小小盆中出現了老中青三代。（盆高2公分）

科別：天南星科
學名：*Colocasia tonoimo*
生長形態：多年生草本
野外生長環境：低海拔潮濕地
日照需求：半日照
土壤條件：黏質壤土

使用的盆器幾乎和塊莖差不多大，因此植物的體型也變小了。開花的過程中，佛焰苞由綠漸漸轉紫紅，頗好看。（盆高3公分）

科別：天南星科
學名：*Arisaema ringens*
生長形態：多年生草本
野外生長環境：中低海拔山區陰濕地
日照需求：陰至半日照
土壤條件：肥沃的腐植土
開花期：春季

申跤

【栽培照顧】

申跤的葉形相當特別，左右各長一片三出複葉，兩葉中央抽出佛焰苞，花謝後結出漂亮的果。它們的塊莖是扁球形，入冬之後上半部會枯乾，此時可先將塊莖取出，移至理想的盆缽。塊莖的大小是植株體型大小的先決條件；但另一方面，同樣大小的塊莖在大小不同的盆缽中萌發，體型差異也可達三、四倍，想要什麼體型就種在什麼盆缽，大小完全可以掌握。但要注意的是必須在新葉長出前就植妥，因為它們的根系非常柔軟，上方莖葉又粗又大不易支撐，葉片長出後，就很難將它們穩當地植入理想中的盆。

【取材與繁殖】

可播種，但發芽率不高，直接在大塊莖旁尋找自生的小塊莖是比較實際的作法。想要有較大體型就植於大盆，不但塊莖會快速長大，一年後還能多得幾個小塊莖。

讓塊莖周圍的芽自然萌發小苗形成一叢，比單株栽植更加熱鬧。若只抽出一支葉，就表示今年不會開花。

因塊莖較大，長出的莖葉也相當粗壯，適合種在較大的盆中。（全高50公分）

申跋發葉時遭蟲啃咬，雖然殘缺卻展現另一種自然美。(盆高3公分)

左圖羽葉天南星盆栽在入秋後，地上部會枯萎消失，這段時間也要偶爾澆水，保持土壤溼潤，在隔年早春二月又會冒出新芽。

羽葉天南星

某年冬季，在山區果園中撿拾了兩球塊莖，直覺那是申跋之類的植物，帶回家後直接埋在盆中，沒想到過不久卻出現一盆漂亮的植物，就是羽葉天南星。(盆高15公分)

爵床

【栽培照顧】

爵床是小型的草花，它們由基部自然分生小枝的能力不錯，往往單獨一株就有看似一大叢的感覺。植入盆中後，因根部不似野地般能無限伸展，可在花苞未出現之前，就將地上部約三分之一高度處剪斷，分枝後會更密，花也更多。

爵床雖是一年生植物，花期過後，若將所有開花枝全部剪除，不讓它們有結果的機會，竟也能越冬在第二年繼續生長開花，這也許是因尚未留下後代，生理上也就做了改變吧！

【取材與繁殖】

可在春末至夏採集種子，留至冬末播種，或於初春採集小苗數株合併植於較寬闊的盆中。

上盆之後將長的莖條剪短，就能分枝得更茂密。（盆高5公分）

科別：爵床科
學名：*Justicia procumbens* var. *procumbens*
生長形態：一年生草本
野外生長環境：平野、海濱、山區路旁
日照需求：半日照
土壤條件：土質不拘，只要維持潮濕便可
開花期：春至夏

果實的型態像耳挖，成熟時由綠轉紅褐色，也很醒目，此時也是採種時機。若不採種，在觀賞期後盡快剪除果序，才能再長新苗。（盆高5公分）

耳挖草

【栽培照顧】

耳挖草喜愛稍爲涼爽的氣候，平日盡量擺放於不會強烈西曬且較通風的位置。每年春夏兩季，不斷由新枝頂端抽出花序，若在入春前就先把原本的長枝剪短，那麼分枝多，花也會較多，而且開花的位置較低也較美觀。使用市售的培養土就可以，但切勿把土壤壓得太緊密，它們雖然需要多些水分，但要以經常給水的方式照料，不能靠使盆中土壤密實來保持水分。

【取材與繁殖】

可播種或扦插。盆中栽培之後，也可直接將較長的枝條壓低至接觸土面，莖節處會自然發根，待根的顏色由淺變深時（在土面就可看到，無需挖出檢視），再分剪移植到他盆栽培。

耳挖草的花在花冠基部突然彎曲直立起來，就像層層翻湧而來的浪花般，又稱爲立浪草。(盆寬9公分)

盆中栽培時，因土壤透氣性不比自然環境，常有傾斜下垂的狀況，不妨就任其發展成懸崖模樣。(盆高5公分)

科別：唇形花科
學名：*Scutellaria indica*
生長形態：多年生草本
野外生長環境：中低海拔山區路旁，以中、北部較多
日照需求：半日照
土壤條件：鬆軟肥沃的腐植土
開花期：春、夏

半枝蓮

【栽培照顧】

半枝蓮又叫向天盞，有直立向上的生長特性，所以單獨種植一株會看來相當孤單，即使用修剪的方式使它們分枝，也會有雜亂的感覺，最好可以把好幾株植於同一盆，但也不要太密，太密時，中央部位的葉片會因環境較差而脫落，枝條就會像竹桿般，而外圍的植株也會被擠成傾斜的姿勢，這對於原本直立性生長的植物而言，線條就會顯得不協調。若不預備採集種子，花後可將植株剪短一半，不過一年剪這麼一次就夠了，經常修剪外型，對生長也有阻礙的情形。

【取材與繁殖】

使用自然播種的方式最快最容易，讓開過的花留著自然結實成熟，它們的種子不太有飛散的情形，大半會落在下方盆土上，春天一到就能自然萌發，可直接在原來的盆中任其生長，或將這些小苗移入理想的盆中。

自野地採集小苗後，於盆中培養一年。入冬後地上部會枯萎，但來春又會冒出新芽，因此度冬期也需偶爾澆點水，以維持地下部的生機。（盆高7公分）

科別：唇型科
學名：*Scutellaria barbata*
生長形態：多年生草本
野外生長環境：平地至低海拔山區或庭園潮濕處
日照需求：全日照至半日照
土壤條件：鬆軟的腐植土
開花期：春季

天胡荽

【栽培照顧】

天胡荽極為嬌小，常見一大片平鋪於地面，如果將葉片托起，會發覺一大片細密的小枝小葉，竟然只由一點點根來供養！雖然它們相當耐旱，但栽培時保持足夠的水分，可使葉片更加翠綠光亮。養植時不需太多的土壤，薄薄的幾公分土層就已足夠；因莖葉都平貼土面，採噴霧方式給水較理想，不但可將葉面灰塵泥土洗去，又能避免將泥土沖起，覆蓋了蒼翠的葉面。天氣漸涼時會開出極小的淺綠色花朵，但顏色與形狀都不明顯，此種植物還是以寬或長的盆面栽培，欣賞它細緻茂盛的葉吧！

【取材與繁殖】

剪取幾段走莖淺埋於土中，就可發展出新株，要小心別把葉片也埋進去了。

科別：繖形科

學名：*Hydrocotyle sibthorpioides*

生長形態：多年生匍匐性草本

野外生長環境：低海拔平原、草地、路旁，也常見於牆角石縫中

日照需求：全日照至半日照

土壤條件：排水良好的砂質土較好

開花期：冬至春

不規則的長形盆任植物匍匐其上，頗有自然草地的風情。此盆播種發芽後兩年，已長得十分茂盛。（盆長50公分）

雖然只是一片葉一朵花，但特殊的花形也具有十足的觀賞性。(盆高6公分)

利用每次換盆的機會，將根部提高一些些，漸漸地就能露出根群，呈現不同風格。(盆高5公分)

大花細辛

【栽培照顧】

在野外，大花細辛雖然不算少，卻也不太容易發現，它的葉片綠中帶著淺色花紋，像是迷彩服色，極富觀賞性，它常躲在別種植物身旁，很少單獨露臉；花朵又躲在自己的葉叢下，往往得將葉片撥開才見得到。

多生長在水氣足夠的山壁斜坡上，根部大多在鬆鬆的落葉枯草間展開，並不會深入土中太多，種植時，略微想像一下它的生長環境就容易了。雖說它們喜愛潮濕環境，但水分過多，葉片也會腐爛，此時要將損壞的葉片由基部剪除，以免塌下來覆蓋住健康葉片。花苞出現後，要略微減少水分的供給，如此可將花期延長許多，若想讓花朵的露出更明顯，可用剪短的竹筷插入土中，將一旁的葉柄稍微頂開就行了。

【取材與繁殖】

初春可用分株法，切取依附在成株上的新苗另植；在春末時可用較大植株的粗根來作根插，將粗根分剪成小段，每段約三公分，斜插入土中，只露出頂部一點點，入夏後就會有新芽冒出，剪切時要記好上下位置，顛倒插是不會活的。

簇擁在莖基部的七、八朵花，維持了近半年的觀賞期；也可以在花枯萎之後進行分株、換盆。（盆高3公分）

科別：馬兜鈴科
學名：*Asarum macranthum*
生長形態：多年生草本
日照需求：半日照至陰
土壤條件：鬆軟的腐植土
開花期：春至夏

科別：菊科
學名：*Ixeridium laevigatum*
生長形態：多年生草本
野外生長環境：平地至中海拔山區，常見於山坡向陽地
日照需求：半日照至全日照
土壤條件：肥沃鬆散的腐植土
開花期：全年，冬季較少

盆中的雜草，隨手一栽，也能成爲可觀的小盆栽。（盆高6公分）

這一株小小的黃花，是取自牆角的野草黃鵪菜，搭配了藍盆頗能凸顯整體的顏色。（盆高2.5公分）

刀傷草

【栽培照顧】

黃鵪菜、兔兒菜，甚至刀傷草，常是盆栽裡的不速之客，一般栽培者總是欲除之而後快，若不把它肥大的根部挖除，就會再萌發，根部膨大後，還會擠壓原有植株。然而，若反客爲主，將它單獨栽培，也會發覺它既美麗又容易照料，既可以併成一大盆，欣賞數量不少的鮮黃花朵，也可單獨植入小不及寸的缽中。其中，刀傷草因具有規則性的波浪狀葉緣，觀賞價值尤甚其他。將它們植入小盆時，需將葉片全數剪除，根部也剪至能配合盆缽的長度，擁有超強的生命力，讓它們不在乎強烈的修剪，很快又會發出更細更小的芽與葉。

【取材與繁殖】

成熟的種子如棉絮般等待隨風飄散，採下撒入盆中，薄薄蓋點土就行；也可直接自他盆中移植。

綬草

【栽培照顧】

綬草出現時通常是一大片，有時也會零星出現在盆栽或庭院草地上，未開花時往往無人注意。它算是嬌弱的蘭花，在野外可以生長得很好，植入盆中就不同了，太濕了根會腐爛，太乾了又會快速的凋萎，最好是使用透氣性好的腐植土，既能保持適當的濕度又不會太緊密。特別要注意盆底不可積水，若發覺葉片有焦黃現象，只能剪去焦黃部份，不可把葉片剝除，它們能挺立開出長長的花序，是依靠少少的幾片葉鞘抱著莖來支撐，爲求美觀而剝除黃葉可能會導致花梗倒伏。開花期也需要日照，才能使長長的花序逐一開完。

【取材與繁殖】

盆栽或庭園草地發現自生的植株，可移植上盆栽培，幾年後就能分株繁殖更多。宜在初春葉片尚未萌出時進行根莖分株，若葉片抽長後再分株，因地上部重量大於地下部小小根莖的支撐力，往往會種得太深，就不利於生長。

科別：蘭科
學名：*Spiranthes sinensis*
生長形態：多年生草本
野外生長環境：平地至低海拔潮濕草地
日照需求：半日照至全日照
土壤條件：肥沃鬆軟的腐植土
開花期：春

已在盆中栽植三、四年。單獨一株看來雖可愛，要有壯觀的感覺就要把幾個小株合併成一盆，不過得趕在花梗出現前就植妥，才不會影響開花情況。（盆高3公分）

科別：蘭科
學名：*Bletilla formosana*
生長形態：多年生草本
野外生長環境：向陽的草坡、岩壁
日照需求：半日照
土壤條件：鬆軟的腐植土
開花期：春至夏

台灣白及

【栽培照顧】

在野外，雖是相當普遍的種類，但若未開花，狹長稀疏的葉片看來就像一般禾本科雜草，花梗一旦抽出，風華便自不同。開花期，葉片可能因養分供應的方式改變而變得較少，甚至凋萎，不用緊張，把妨礙美觀的老葉片剪去，反能讓花朵更突出。

平日需要稍微潮濕的環境，使用鬆軟土質有利於假球莖的發展，花期過後不可放任不管，若雜草多了，可能壓縮它的生長環境，明年就不易開出更多的花。

秋末冬初之際，地上部會枯萎脫落，只留下土中的假球莖過冬，這段時間不必多澆水，只要偶爾給予水分，來年春天就會再發出新葉。

【取材與繁殖】

健康的植株會自行分生出為數不少的假球莖，在初春將盆土剝開很容易就能取得，約半公分大小的假球莖便能抽出花梗，不妨收集較小的假球莖，移至較大盆中栽植，輕易就能繁殖出品質好的植株來。

若將眾多白及的假球莖同任其生長於盆中，花朵分佈的位置通常不盡理想，不妨在前一年開花後就分植成三、四盆（盆徑約5公分），待花梗出現後再依自己的喜好與美感合併成一盆，效果會更好。（盆高1公分）

地耳草

【栽培照顧】

地耳草又稱小還魂，算是農地邊相當常見的雜草，農人除草時若只用鋤頭刮去土表部份，它很快又會長回來，雖沒有粗大的主根，細根倒是無孔不入。分枝不多，看來雖是密密麻麻的一大叢，其實都是由基部一枝枝冒出來的，太過密集時可修去一些，但也可不去管它，那麼外圍部份就會被推出像吊掛在盆邊一般，若植於高瘦盆中，漸漸會形成枝條往外懸垂的有趣景象。

夏末可將地上部全部剪除，明年會長得更茂盛，但要是太過擁擠，還是得換盆。低溫期生長的植株，有時全株會變成紅褐色且貼地生長，又是一可觀之處，天暖時莖葉才挺高並開花結果。

【取材與繁殖】

採取枝端成熟的種子，直接播入觀賞用的盆缽即可，不需再費心去移植；或選擇較大植株進行分株移植。

由於莖纖細，又自基部冒出十多枝，搭配在有點高度的深盆中，像是收攏著這束黃花綠葉，頗具美感。(盆高9公分)

科別：金絲桃科
學名：*Hypericum japonicum*
生長形態：二年生草本
野外生長環境：低海拔開闊地、農田及濕地
日照需求：半日照
土壤條件：排水良好即可
花期：春至秋

草本植物細細密密的看來小巧可愛，但盆中天地有限，太密時需擇枝修剪得空曠一些，捨不得剪反會造成枯枝乾葉一大塊。(盆高5公分)

含羞草

【栽培照顧】

含羞草最動人之處，就是一被碰觸即快速閉合的羽狀複葉。含羞草喜歡強日照、乾燥，若要維持蒼翠繁茂的枝葉，就需要足夠的日照，長期日照不足，葉片會變大、變黃，非但不好看，連想跟它們玩一下，閉合的反應也會變慢。栽培時不需太多水分，太濕則葉片會逐一脫落，變得光禿禿，根也容易敗壞。它也十分怕冷，寒流來時，切記移至室內較光亮的地方，等回溫後再移出室外。

【取材與繁殖】

播種、扦插都極容易。由於生長在河邊、海邊，也常隨被挖掘的土壤砂石到處傳播，取材並不難。野外採集時，要小心遍佈全株的細刺。

科別：豆科
學名：*Mimosa pudica*
生長形態：多年生草本
野外生長環境：路旁、草生地、河畔、海邊等向陽乾燥地
日照需求：全日照
土壤條件：略乾燥的砂質土
開花期：夏秋兩季

含羞草不見得一定要直立種植，它的木質化枝幹也相當堅韌，只要把苗木斜種，很容易培養出像木本植物的懸崖樹型。(盆寬8公分)

紫花霍香薊

【栽培照顧】

花期一到，低海拔山區的道路兩旁就會開滿了亮眼的紫藍色小花，看似一片花海。可是要在盆中種出足以欣賞的姿態，就必須靠修剪的技巧。

野外看似一片的花海，是許多植株集合出來的景象，若單株種植，通常又高又瘦，分枝也不多，尤其花莖更是細長，栽培時，就需要修剪促使它們在低矮處多生分枝，降低整體高度。

【取材與繁殖】

只要剪取枝條扦插即可成活，爲了日後省事，可剪取較粗並帶有分枝的枝條。

雖然在野外是一年生草本植物，但種植在盆中卻也能過冬，甚至能有幾年的壽命。在老枝條上也有不錯的萌芽力，花後可以進行大幅度修剪，設計出下一年度的理想姿態。（盆寬20公分）

科別：菊科
學名：*Ageratum houstonianum*
生長形態：一至多年生草本
野外生長環境：平地、農地、山區路旁
日照需求：半日照至全日照
土壤條件：肥沃的腐植土
開花期：夏季以外的時間

即使是草本植物，在經常修剪的情況下，分枝變多，主莖也變粗，漸漸就有了樹的樣子。（盆寬15公分）

台灣山菊

【栽培照顧】

台灣山菊是值得栽種在家中的植物，除了有鮮黃的花朵之外，葉型葉色也令人動容。但或許常見於郊野，栽培上反倒受了冷落。由根基部冒出一片片帶有長梗的葉片，通常一叢有十多枚，它們需要較多的水分，稍有缺水，葉片就會下垂，保持水分充足但不積於盆底，是栽培要領。

約在夏末就可看見一根根花梗自葉叢中冒出，每枝花梗約有三至五朵花，花後除非須採集種子，否則就由基部將花梗切除，使它們保留體力，明年才能長得更好。

【取材與繁殖】

播種、採集幼苗。春季採集最容易成活，當年就能開花。

科別：菊科
學名：*Farfugium japonicum* var. *formosanum*
生長形態：多年生草本
野外生長環境：中低海拔山區路旁、山坡斜面上。北部陽明山一帶最爲常見
日照需求：半日照
土壤條件：鬆軟肥沃的腐植土
開花期：*8～10*月

植小苗於盆中已四、五年，經年常綠。葉片若受損或枯黃要儘速剪除，新葉會再長出。搭配廣口素燒盆，整體有樸素之美。(盆高8公分)

月桃

【栽培照顧】

月桃的體型不小，光憑葉片可用來包粽子就知道。如此體型事實上並不適合種植於盆缽中，它的枝高挺，葉片狹長，植於盆中很容易傾倒，但若將地上部剪除，塊莖切成小塊分別植入小盆，就能培養出迷你型的月桃。

優雅翠綠，帶有光澤的葉片是相當值得觀賞的，夏季的烈日往往造成葉尖焦黑或發黃，只要把受損葉片剝除，自然會再生出新葉來，它們頗能調節自己，就是那麼寥寥數片，少了一片再長出一片，在整理上相當輕鬆，只要注意不致缺水就行。

【取材與繁殖】

可播種，但切取帶有芽點的地下塊莖更方便，將它們植入大盆就形成大植株，植入小缽也會安份地小小生長。

科別：薑科
學名：*Alpinia speciosa*
生長形態：多年生大型草本
野外生長環境：平地至低海拔山區林蔭下
日照需求：半日照至全日照
土壤條件：保濕力強的黏質壤土
開花期：晚春至夏

把月桃植入這麼小的盆缽，就要當它是純粹的觀葉植物，奢望開花就不切實際了。(盆高5公分)

庭菖蒲

【栽培照顧】

庭菖蒲根系柔軟，偏偏個子又瘦又長，不太適合種在小盆裡，植於小盆中不但看來稀落單薄，也不易站穩；若合併成一大盆，不僅可以相互依靠而長得茂密，也會因各株不盡相同的開花時間，而使觀賞期大爲延長。在春季剛萌新芽時，就要將數個小株合植在一起，之後隨著生長，它們能自行調整彼此的間隔與生長方向，不會雜亂；若等體型稍大後再移植，不但難以植妥，整體也會格格不入。

【取材與繁殖】

果實成熟後可採下收藏，第二年春播種，或自野地移植小苗合植。

科別：鳶尾科
學名：*Sisyrinchium atlanticum*
生長形態：一年生草本
野外生長環境：中低海拔山區潮濕草生地或山坡，陽明山常見於二子坪地區
日照需求：全日照
土壤條件：一般培養土即可
開花期：春、夏

盆面鋪上樹皮，可以很彈性地挪移堆攏，托住柔軟枝條，以調整枝葉的姿態。花陸續開放隨即結果，觀賞期達兩個月以上。期間可以陸續採集成熟的果實。（石板長度35公分）

台灣油點草

【栽培照顧】

油點草個子不大，約30～40公分高，不僅葉面散生油點，花朵也有紫紅色斑，難怪稱爲油點草。它的野生族群通常能造成大片的花海奇景，因爲除了掉落的種子能萌生新苗外，地下根莖也很能冒出新芽，只要環境適合，就能大量擴展。但人工栽培不見得很好培育，因它們需要潮濕、鬆軟、肥沃卻又不會積水的培養環境，並且怕熱，喜愛冷涼的氣候，要是在家中庭院、陽台一角，正好能找到這麼一塊適合養育的地方，就別放過這機會。

【取材與繁殖】

播種、切取地下走莖分植、分株都可，但以分株較易進行，成長速度也較快。

科別：百合科
學名：*Tricyrtis formosana*
生長形態：多年生草本
野外生長環境：中低海拔山區潮溼陰涼處
日照需求：半日照至陰
土壤條件：肥沃保水性佳的腐植土
開花期：夏末至冬

栽植這類大型草本植物，盆缽的重量要
致傾倒，盆面也要開闊以利生長。當顯得
時，在花後就需要分株。（盆高12公分）

台灣及己

【栽培照顧】

因每一莖端只有四片葉子，又稱四葉葎或四葉蓮，其中一片若有受損，也就維持三片不再增生。但台灣及己的分枝性不錯，把長枝剪短就會有分枝，但每一分枝仍保持前端四片葉。春季它們會由這四片葉中央的莖頂，抽出一至三條米白色的穗狀花序，樣子極爲特殊。花後可以再將莖剪短，明年就能有較矮的高度，也能增加花序的數量。

【取材與繁殖】

可在夏末採取種子來播，但直接用較粗的莖扦插會更爲快速有利。

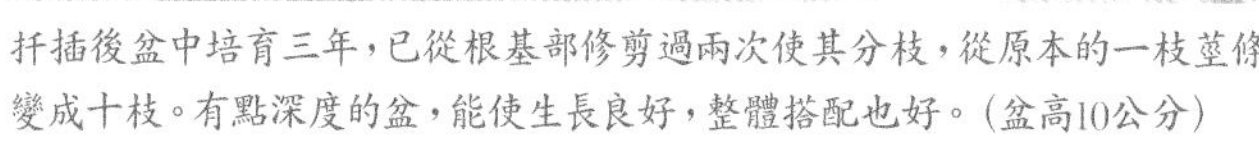

扦插後盆中培育三年，已從根基部修剪過兩次使其分枝，從原本的一枝莖條變成十枝。有點深度的盆，能使生長良好，整體搭配也好。（盆高10公分）

科別：金粟蘭科
學名：*Chloranthus oldhamii*
生長形態：多年生草本
野外生長環境：低海拔山區陰涼處、闊葉林下
日照需求：半日照
土壤條件：排水良好的腐植土
開花期：春至初夏

風車草

【栽培照顧】

種植風車草不必用一般盆缽，選用較沈重的容器，只要不漏水就行。風車草筆直生長，真正的葉退化成鞘狀，長在莖基部，看起來像葉子的大型苞片外擴，個子不算小，若太輕巧或太高的容器都不安全穩當。

種植時，以黏質土包覆根系後置入容器，再把空隙填滿即可；別種得太深，覆土約容器的八分滿，土面可置些自己喜愛的碎石，就不會直接看到灰黑的土壤。水不要加太多，只要滿過土面一些或保持土壤濕潤就好，這樣可避免蚊蟲的發生。由於風車草的向光性極強，每隔一星期就要轉動一下方向，才能生長均勻，如有焦黃現象，應自莖基部剪除，讓整盆有足夠的空間長出新芽。

【取材與繁殖】

使用分株法繁殖，但不要分得太過小叢，否則種植時不易固定，要再生長至理想體型也會需要極長的時間。

此盆栽已照顧多年，一直生長良好，不時有新芽抽出，尤其在春夏季。曾有幾次自莖基部全部剪除，讓它重新生長。（盆高13公分）

科別：莎草科
學名：*Cyperus alternifolius* subsp. *flabelliformis*
生長形態：多年生叢生草本
野外生長環境：平地至低海拔山區溪流旁或濕地
日照需求：全日照
土壤條件：肥沃的黏質土

燈心草

【栽培照顧】

燈心草相當容易栽培，只要植入能保水的容器，有適度的光照，自然就能長得好。使用一般盆缽也許比水盆更理想，因爲天天澆水，等於經常更替新水。年中會有新芽自基部漸次冒出，舊葉片也會老化枯黃，通常只要看見葉尖焦黑了一截，將它們自莖基部剪去，就會使新芽的萌發較順利。

【取材與繁殖】

由母株上分株，取得幾根一束種植，就能接著不斷增生，速度相當快，可種在寬闊的盆中，生長會較好，也較有水生植物的氛圍。

已於盆中培養兩年，植株長約50公分。每年盛夏常出現葉尖焦黃現象，可從莖基部全部剪除，令其重新發芽，這樣新發的植株就能從入秋一直嫩綠到第二年。(盆高10公分)

科別：燈心草科
學名：*Juncus effusus*
生長形態：多年生挺水草本
野外生長環境：平野、路旁潮濕地
日照需求：全日照
土壤條件：能固著根部的黏質土

燈心草幾乎都以叢生狀態生長，按照習性只適於植入圓盆中，但若把一整叢由中央分開後改變爲兩個相近的小叢，就可植入長型盆，產生如綠色屏風般的效果。(盆寬18公分)

石菖蒲

【栽培照顧】
石菖蒲葉片厚實、鮮綠有光澤，很少因爲環境或季節更替而有枯黃情形。狹長的葉片由相當粗壯的莖部支撐著，平日只要保持充足的水分及半日照，就能終年常綠。雖然因生長緩慢，外型並無太大變化，但根基部卻會不斷萌生小芽，若不想繁殖，在分株時就盡早除去，才能保持全株綠葉線條的優美，任其發展恐怕是雜亂無章。

【取材與繁殖】
播種雖可行，但生長緩慢，細小的苗也不易照顧。採分株繁殖法不但簡單，也能取得較大的植株，分開後的植株只要帶少許根系就能成活。

科別：天南星科
學名：*Acorus gramineus*
生長形態：多年生草本
野外生長環境：溪流邊或森林底層潮濕處
日照需求：半日照
土壤條件：砂質土

原本生長爲圓叢狀，用分株方式分開後再安排成側向生長的姿態種植，以搭配整個盆缽的造型。(盆高12公分)

異花莎草

【栽培照顧】

水田、沼澤地常見這種莎草植物，小小球的花序由綠色慢慢轉紫黑，將它們種入寬盆中，提高欣賞的角度，猶如一片草原叢林，很是清涼翠綠。

種植莎草類植物事實上無技巧可言，只要肥沃黏土加上充足日照就可生長得好，但要維持翠綠挺直的外型就需勤勞些，將中央擁擠的葉片剪除一些，要注意，不是在莖的半途剪斷，而是用尖銳的剪刀貼近根部完全去除，如此會使中央部位有足夠的空間，葉片才能粗壯挺立，太過擁擠，植株會往外推移而使葉片傾斜，中間部位的葉片也會瘦弱枯黃。莎草的向光性極強，記得時時轉動方向才能生長均勻。

【取材與繁殖】

野外分株採集，分成幾個小叢再合植，會比大叢更好看，生長也會更好。

苗圃邊的水泥地不知何時長了一叢，原本是想拔起丟棄，那知輕輕一拉，竟然拉起完整的一大片，根系未帶什麼土，還長得如此茂密，這應是土地公送給我的吧！順理成章地整片移入石板中，看起來渾然天成，散發出濃郁的草原氣息。（石板長55公分）

科別：莎草科
學名：*Cyperus diffromis*
生長形態：多年生草本
野外生長環境：稻田、河岸邊至低海拔潮濕地
日照需求：全日照
土壤條件：保水力強的黏質土

麥門冬

【栽培照顧】

麥門冬以往常被植於小徑台階兩側，作爲分界路面範圍的綠色標線，很少人會當它們是正式的盆缽植物，植物體的美感也甚少被獨立展現出來。

雖只是草類，但它具有紡錘形的塊根與非常發達的鬚根，在狹小的盆缽中很容易造成擠壓，有時甚至將植株完全頂出盆缽，使生長不順利，建議使用鬆軟肥沃的土壤與較大的盆器，若看見盆土往上抬升，就要將植株取出，剪除大半的根系再重新上盆，如此照顧，入夏後純白的花朵將會成串掛在抽出的花莖上，花後還會結出動人的閃亮藍色果實，並維持幾個月的飽滿狀態，直至入冬才脫落。

【取材與繁殖】

可在春季進行分株，或於秋季採集成熟的果實，即採即播。

與下圖爲同一盆植物，在第二年換盆時將植株提高，露出粗壯的莖基部，又呈現了不同樣貌。（盆高6公分）

科別：百合科
學名：*Liriope spicata*
生長形態：多年生草本
野外生長環境：低海拔山區及海岸林中
日照需求：半日照至全日照
土壤條件：肥沃的腐植土
開花期：夏季

植於石盆中，呈現出在礁石上抽枝長葉的氣氛。（盆高6公分）

台灣蘆竹

【栽培照顧】

雖名為竹，但蘆竹可不像一般竹類直立挺拔，在野外，它都是斜著甚至垂著生長，所見也都是自石壁岩縫中垂放伸出，由此可知它們對水分、養分的需求並不高，太過肥沃的土質反有爛根的危險。栽培時，特別要注意掌握水分的供給，過濕葉片會脫落，過乾則葉片反捲。

在莖端新葉發出後，後方的舊葉也會自然枯黃，最好將它們剝除。盆中栽培一段時間後，可能出現盆栽中央只餘莖條，葉片全長至盆外了，可在夏末自土面將地上部剪除，大約兩星期後，又可見新芽冒出，很快就能更新老化現象。

【取材與繁殖】

秋冬季可採種子播種，或用分株法或剪取小段地下根莖栽植。小盆約一～二年，大盆三年就需換盆整理根系，若拖得太久，這些結成硬塊的根系便難拆解整理。

科別：禾本科
學名：*Arundo formosana*
生長形態：多年生草本
野外生長環境：低中海拔山區岩壁及海濱
日照需求：半日照至全日照
土壤條件：排水良好，貧瘠的土壤也可

此盆採根莖繁殖，盆中生長相當緩慢，能長時間維持一個樣貌，若枝條長長，卻大半部沒了葉子，就要將整枝剪除，令它再發新芽。搭配黃盆很能表現自然岩層的色調。(盆高6公分)

科別：百合科
學名：*Ophiopogon reverse*
生長形態：多年生草本
野外生長環境：平地至低海拔山區
日照需求：半日照至全日照
土壤條件：土質不拘
開花期：春季

也可以附石栽培，但因根部柔細，在附石的過程中需注意慢慢露出，才能適應日照。（石高3公分）

高節沿階草

【栽培照顧】

沿階草是極常見但不起眼的植物，它的環境適應力非常好，也常被用來作大面積的地面栽植以取代草皮。除了非常潮濕的土質以外均可生長，在乾燥的環境中，葉片會變得又厚又短，看來較爲結實，較濕時葉片伸長柔軟外垂。根系極爲發達，在小盆中種久了會將植物體頂出盆外，需注意分株換盆的時機。

移植時，將根部幾乎全部剪除也不致影響生機，此特性正適合附石栽培。開過花後結果率頗高，由綠而漸轉成鮮艷的藍色，果實甚至可留存至下回開花時。

【取材與繁殖】

根很能萌發新株，可用分株方式取得新苗，種植成一大叢的模樣看來更壯觀。

經常剝除莖上的老葉，刺激向上生長，就會露出老莖幹的形貌。（貝殼寬度8公分）

入夏後，綠色果實漸漸染上紫藍色，一直到第二年春開花前才會掉落。

茵陳蒿

【栽培照顧】

對茵陳蒿的印象，一般人可能是實用多於觀賞，因它是治療黃疸常用的藥材。茵陳蒿的葉片極爲細密，分裂呈細枝狀的葉片往往遮蔽了全株枝幹，看來就像一叢綠髮，但內部因光線不足、通風不良，會有大量枯黃的葉片卡在枝椏間，需時常以鑷子去除，才不致影響健康及美觀，或者平日就以修剪方式將太靠近的枝條擇一去除，這樣不但能長得較好，也能有一般盆景的造形。平日記得需供給較多的水量，葉片才能保持多、密、翠綠的景況。

【取材與繁殖】

剪取如手指般粗細的枝，去除約二分之一的葉片，再插於潮濕的細砂中就能發根，但下方切口需平整，如有破裂或外皮損傷就會腐爛。

科別：菊科
學名：*Artemisia capillaris*
生長形態：多年生亞灌木
野外生長環境：廣泛分佈於海岸、河床至高海拔開闊地
日照需求：半日照
土壤條件：砂質土

修剪植物是爲了抑制增高，也爲了增生側枝，好讓它們變得茂密，但基本要求達成後就該適可而止，圖中植株因早先的修剪已分生許多側枝來，形成一叢翠綠。（盆高8公分）

右頁盆栽在枝葉茂密程度都達到理想後，就不再修剪枝條，並且將下方逐漸枯黃的葉一一剝除，一年之後就變成如此條理分明的樹型了。

防葵

【栽培照顧】

防葵在海邊的體型差異極大，有高達一公尺者，也有僅僅數公分高的，就看它的著根處能提供多少養分與生長空間而定。種植在盆中，體型當然不能太大，只要適當的剪除直根（露地生長時，根幾乎與地上莖等長），上盆時用兩截竹筷在盆中抵住根部，將植株固定好，很快就會發出側根，一旦適應盆中環境了，天一暖起來花也就跟著出現。小陽傘般造型的花序可維持相當久，花謝了不要急著將花梗去除，它們的結果率高，種子的發芽率也極高，可收集成熟的種子，再播出許多新株。

【取材與繁殖】

種子成熟後，會在花梗頂端停留一段日子，採集後可立即播種，播種發芽後約兩年便能開花。野外採集的植株因根部極深，較不易成活也不易穩植於盆中。

栽培防葵盡量不要植入深盆，否則日後換用淺盆時，會有上粗下細的狀況；若在淺盆中久了，因土壤所能提供的養分和水分較少，樹幹會變得老化、結實，與正常生長的植株相較，更具風華。（盆高1.5公分）

科別：繖形科
學名：*Peucedanum japonicum*
生長形態：多年生草本
野外生長環境：北部及東部海岸
日照需求：全日照
土壤條件：排水良好的砂質土
開花期：春至夏

羽狀複葉青綠帶著粉白，即使未開花也是很好的觀葉植物。（盆高5公分）

乾溝飄拂草

【栽培照顧】

乾溝飄拂草雖然只有短短兩年生命，但在有生之年所展現的韌性卻令人吃驚，乾透的砂地、堅硬的岩縫、珊瑚礁，它都能用細密的小根紮緊自己。細長茂密的葉片，就像團綠色的大毛球，夏季自中心部抽出高度不成比例的長花梗，花色雖不鮮艷，但與綠油油的葉片搭配卻是無懈可擊的組合。它不僅耐旱，也極耐濕，一些長期浸泡在水坑中的植株，也未見顯現出不適的樣子。採集種子時，可順便在海濱拾取一小袋砂礫，就當成是種植它們的介質。通常第一年體型較小，但也能開花；第二年起就會急速擴展，不論花、葉都會大量增加，入冬才結束生命。平時注意別澆太多的水，以免葉片變大，同時要把葉叢中已見枯乾的舊葉片去除，保持青翠的模樣。

【取材與繁殖】

可直接採集成熟種子播種繁殖。若要自野外移植上盆，切勿貪心採取較大的植株，那往往已是生長第二年的個體，採集較小者，才能有多一年的觀賞期。

播種後兩年，前一年花開較少。植入有點深度的盆可以維持兩年的生長，栽培過程中無須再換盆。(盆高5公分)

科別：莎草科
學名：*Fimbristylis cymosa*
生長形態：二年生草本
野外生長環境：沿著海岸線普遍可見
日照需求：全日照
土壤條件：排水優良的砂質土
開花期：5～7月

林投

【栽培照顧】

也許受了民間故事「林投姊」的影響，許多人覺得它陰森森的，事實上林投是絕對的陽性植物，在海岸邊只要日照所及就有它的身影，夏季也能結出像鳳梨般的大果實。

雖然野生植株葉片茂密又有尖銳倒刺，令人難以親近，但養在盆中之後，這些可怕的感覺就會消失，銳刺雖猶在，不過從小巧的蒼翠葉片、不顯雜亂的樹型看來，還頗具個性。種植它們可用現成的海濱土壤，保持不要積水的環境。若將來長得太大了，不妨再植回海邊！

【取材與繁殖】

大型的聚合果由60～80個核果組成，因重量頗大，成熟後會掉落順著斜坡滾出。將果實分剝後種植，每個核果會萌生出好幾株小苗，將它們合在一起種植，大家都不會長得太快，反而對栽培者有利，可以欣賞好長一段「迷你林投」的個性美。

科別：露兜樹科
學名：*Pandanus odoratissimus* var. *sinensis*
生長形態：灌木
野外生長環境：海濱及近海的山區平野
日照需求：全日照
土壤條件：排水良好的砂質土

將磚塊鑽了大洞當成盆缽，排水、透氣都是一流表現，用來種植這類旱性植物極爲適合。上圖植株才剛滿週歲，相連的種子甚至還能提供部份營養，也增加觀賞樂趣，不過等植株再大些，就會自行脫落。右圖是兩歲的模樣。（全株高15公分）

脈耳草沒有堅硬的主莖，生長至幾公分高度就會向一旁傾倒，利用此特性，可將它匍匐的枝條整理平鋪成一整盆的模樣。（盆高1公分）

脈耳草

【栽培照顧】

海邊珊瑚礁的凹洞、岩石裂縫，只要在高潮線以上不致被海水浸泡之處，幾乎四處能見到這種葉型極小、肥厚、翠綠、開滿白色小花的可愛植物，在強烈日照與海風吹襲下，它們就靠著鑽入隙縫中的長根來固定自己，並汲取養分、水分堅韌的活著。脈耳草的分枝性極強，花朵多，花期長，個子嬌小，即使花期過了，所結果實也能掛在枝頭直至冬季。栽培時，記得要日照充足，盆土略乾一些，即使植入極小的盆缽中也能適應良好。

【取材與繁殖】

播種或扦插，使用粗枝扦插也可發根。由於根系極長，自海邊採集時，千萬不要用硬物挖取，以免破壞環境，它們生命力強，只要一點點根系也能迅速恢復生機。

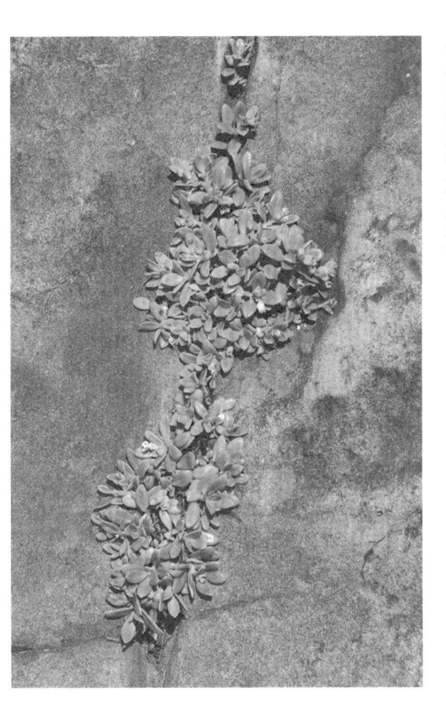

科別：茜草科
學名：*Hedyotis strigulosa* var. *parvifolia*
生長形態：多年生匍匐性草本
野外生長環境：海濱的珊瑚礁上、岩縫中
日照需求：全日照
土壤條件：排水良好的砂質土
開花期：夏秋兩季

巴陵石竹

【栽培照顧】

巴陵石竹生長於北橫巴陵一帶，是中海拔的植物，與玉山石竹外型相近，平地不見得能適應良好，但若能在平地播種發芽，並置放於較通風的地點，播種後兩三年也能逐漸適應，花朵也會盛開。它們的枝條抽得相當長，栽培時盡量別去修剪，枝條伸展會使根基部變得強壯，大約一年後才修剪長枝，這時會由根基部萌出幾個新芽，待新枝條成熟後，花苞也會出現了。

【取材與繁殖】

夏秋登山時可採集種子，連同果莢置於冰箱冷藏，隔年春天再播種。果莢剝開後，將僅一公分細小的種子撒於盆面，再覆蓋細砂，以免種子流失或被風吹走。

播種後兩年的模樣，外型雖已有些散亂，但因枝頭都是花苞而捨不得修剪。剪枝矮化就等賞過花後再動手吧！（盆高8公分）

科別：石竹科
學名：*Dianthus palinensis*
生長形態：多年生草本
野外生長環境：北部中海拔山區向陽邊坡
日照需求：半日照至全日照
土壤條件：排水良好的砂質土
開花期：全年，夏秋為盛花期

萎蕤

【栽培照顧】

萎蕤的地上莖單一伸展不分枝，莖葉光滑翠綠；地下塊莖發達，顏色暗沈，表面凹凸不平。初春自葉腋開出下垂的小白花，此時若水分供給太多，花苞在未開之前就會脫落。使用較鬆軟的土壤有利於塊莖的繁殖，塊莖雖有保水能力，但當冬季地上部的莖葉枯萎後，還是要略保盆土的濕潤，這樣明年才會正常生長。

【取材與繁殖】

可取用大塊的地下莖分割，只要每一塊都帶有明顯的芽點，就能成活。分切後先置於通風處一兩個小時，待切口乾燥後再植入盆中。種植時別埋得太深，讓塊莖上部與土面齊平就好。

由塊莖分割繁殖。萎蕤宜植於淺盆中，表現出由地表伸展的感覺，也較不易因盆中積存過多水分而腐壞。(盆高3公分)

入冬後地上部會枯萎，天氣轉暖時，新芽又紛紛冒出。

科別：百合科
學名：*Polygonatum arisanense*
生長形態：多年生草本
野外生長環境：低中海拔森林下，以北台灣較常見
日照需求：半日照至陰
土壤條件：腐植土
開花期：春季

傅氏唐松草

【栽培照顧】

鐵線蕨也能開小白花？相信這是初見傅氏唐松草時的第一印象。它生長在冷涼、濕度夠的環境，在家中若要生長良好，必須建立理想的環境，可把它們擺在幾盆較大植物的中間，透過這些枝椏的光線能有半日照的效果，而幾株較大植物進行呼吸作用時所蒸散的水氣，也能讓它們沾點好處，但經常在葉面噴霧水仍很重要。

【取材與繁殖】

可用分株法繁殖，或挖取種子掉落自行萌發的小苗來種植，它們的種子極細極輕，自行播種並不容易，幸好自行落下的種子有不錯的發芽力。當然，自行種植之後就能任其繁衍，只要盆面夠寬，就能有承接種子育苗的空間；有時也會在鄰近的盆裡發現數量頗多的小苗。

莖葉纖細，搭配淺色盆較有清涼感。盡量不修剪，任莖葉向四方擴展，等整盆實在長得零亂時，再一次剪除所有雜枝，同時也達到矮化植株的效果。(盆高4.5公分)

科別：毛茛科
學名：*Thalictrum urbaini* var. *urbaini*
生長形態：多年生草本
野外生長環境：低海拔潮濕地及山區林緣
日照需求：半日照
土壤條件：排水透氣良好的培養土
開花期：春夏兩季

菲律賓穀精草

【栽培照顧】

挺出一根根圓球狀的白色花，是穀精草類的特徵，它雖然是一年生草本植物，但是不斷有側芽冒出，終年都是一盆綠意。雖屬水生植物，卻也不見得一定要植於水盆中，如能保持盆土濕潤，在一般盆缽中反而生長得更爲強壯，葉片變得更厚、看來更挺拔，也能正常開花，只要注意別使盆土過乾。葉尖若被烈日曬焦，就不會再復原，並且會往基部蔓延，爲求美觀，應將焦黃葉片完全去除。

【取材與繁殖】

野外採集小苗，栽培一段時間後再行分株繁殖。植株成熟後，會由基部發出小芽，此時別急著分株，因細嫩的小苗不易成活，必須等它們長得夠大再動手。

此盆爲連萼穀精草，分佈在北部及東北部山區。當容器的深度足夠，植株就能分生成一大叢，但偶爾也要將擁擠的植株拔除，以免葉片互相擠壓而受損變黃。（盆高35公分）

科別：穀精草科
學名：*Eriocaulon merrillii*
生長形態：一年生挺水草本
野外生長環境：全島山野濕地
日照需求：半日照
土壤條件：不拘，能固定植株即可
開花期：夏秋

因植入淺盆容易倒伏，若盆面再鋪上貝殼砂，則有助於固定植物體，也能製造水生植物的清涼感。（盆高2.5公分）

濱旋花

【栽培照顧】

濱旋花在海濱的分佈不算普遍，與它的表親馬鞍藤相較，就更顯得稀少了，原因是它們在全砂礫的區域不易生長，需略帶有土質的地帶才適合生存，此點比起強悍的馬鞍藤當然遜色多了。濱旋花肥厚翠綠的葉片夾帶了幾條白色線條，看來極爲搶眼，夏季還會開出淡紅色的花朵。可用高盆或吊盆來種植，以便欣賞懸垂下來的姿態，或可植於寬大的淺盆中，每當節莖生長時便將它們盤繞於盆中，這樣也能成爲極佳的綠色盆栽。日照不足時，葉片會迅速變黃脫落，此時就要儘快移至日照充足處。

【取材與繁殖】

扦插，或利用已長出根鬚的節莖來繁殖。因野外的數量不多，千萬不要將它們整株帶離原生地，只要剪取一小段就可自行栽培，而且存活率極高。

扦插一段粗枝後一年的情形。(盆高8公分)

科別：旋花科
學名：*Calystegia soldanella*
生長形態：多年生蔓性草本
野外生長環境：北部海岸
日照需求：全日照
土壤條件：砂質壤土，可用砂土與壤土混合調配
開花期：春夏兩季

同上一盆，過了半年之後，莖條已經伸展出蔓藤植物的特色。

光風輪

【栽培照顧】

光風輪俗稱塔花，依生長環境會有不同的外觀，若是在堅硬的石面或水泥地上，即使只有一點點土壤也能活著，但因養分、水分都不充裕，所以常呈倒伏的狀態，只有莖端直立；若在土壤中生長，植株會較粗壯些，也能挺立生長，但因不需四處尋求生活所需，分枝較少，遇此狀況可以爲植物作大幅度修剪，它的枝條柔軟，修剪時越短越好，因分枝之後重量會增加，分枝處若太高，莖條就會往四邊傾斜，整盆看來反而變得鬆散了。

【取材與繁殖】

採集成熟種子直接播於觀賞盆中，或可剪取數小截，直接在盆中扦插數枝。極容易開花，發根成長時也同時會出現花苞。

這是一株長在路邊的野草，可能因常被踩踏而受傷，分枝相當茂盛，索性就將它植入盆中觀賞。（盆高8公分）

科別：唇形科
學名：*Clinopodium gracile*
生長形態：多年生草本
野外生長環境：平野及中低海拔草地
日照需求：全日照
土壤條件：土質不拘
開花期：春至秋

這株光風輪原本長在其他盆中，除草時，覺得姿態頗美，順手就植入石盆。（盆高10公分）

台灣百合

播種後三年，深盆較有利於鱗莖的生長。（盆高9公分）

【栽培照顧】

像台灣百合這般適應力強的植物實在少見，從海濱被曬得燙腳的砂地，到冰雪覆蓋的海拔三千公尺的高山，都能見著它們的蹤跡。植株的大小差異更是懸殊，從株高數公分就開花的外型至高達一公尺以上的巨大身姿，也都能依環境的條件不同而自行調節。

栽植時要特別注意日照充足，否則僅僅養出一大蓬的細長綠葉，就是不見花梗抽出。鱗莖會隨著時間長大，所以較大的盆才適合它們的生長條件，另一方面，盆大的好處是當花梗伸長後，若同時開出幾朵花來，也才不致因重心不穩而連盆傾倒。

【取材與繁殖】

播種，最好於秋季入冬前採集種子，一入冬，地上部枯萎就無法採得了；也可用分剝鱗莖的方式來繁殖。小苗成長後，兩、三年就會開花。

科別：百合科
學名：*Lilium formosanum*
生長形態：多年生球根植物
野外生長環境：低至高海拔山野、海濱均可見
日照需求：全日照
土壤條件：排水良好的腐植土
開花期：春至夏

播種後當年長出的小苗，雖然未到開花年紀，也是極好的觀葉植物。冬季上方枯萎後，將殘枝由土表剪除，並小心別在休眠期讓雜草侵犯，雜草的根除了會佔據鱗莖的生長空間外，有時也會鑽入鱗莖隙縫中破壞組織。（盆高4公分）

落地生根

【栽培照顧】

非人爲栽培的植株，在市區反倒比郊區更容易見到，遮雨棚上、屋簷、牆縫，這些空間狹小、無土又缺水的地方，就是落地生根最容易被發現的場所。它們相當耐旱，根部也只需極小的空間，所以只要種植於小盆再略加修剪就有模有樣，除非澆水過多，要想種植失敗還眞不容易。

【取材與繁殖】

成熟的葉片會由葉緣的缺刻處長出小苗，只要剝取帶根的小苗即可栽植。散落四處的落地生根，應該是人爲栽培時，自行脫落的小苗長成，如果樓上有人種植，那麼樓下就可能找得到。

科別：景天科
學名：*Bryophyllum pinnatum*
生長形態：多年生草本
野外生長環境：平野較乾燥處
日照需求：全日照
土壤條件：排水良好的砂質土
開花期：冬至春季

自牆角移小苗至盆內栽植已過二、三年，由於經常修剪來促進分枝，始終未開過花。若任其正常生長，約在第三年就有花可賞。

石板菜

【栽培照顧】

一入春季，若在海岸邊看見了一大片鮮黃花毯，那麼應該就是看見石板菜的群落了，它又叫台灣佛甲草，這類佛甲草屬植物在台灣有15種，花多爲黃色星星狀。北部山野普遍常見的松葉佛甲草，也常被郊野的住家栽植爲盆中景物，開花期相當耀眼。

種植石板菜沒什麼高深的技巧，只要記住日照充足與栽培器皿不要積水的要訣，幾乎就不會失敗。由於植株是以平面擴展的方式生長，建議使用寬、淺的容器來栽培，即使不在開花期，看這片綠油油的地毯也很值得。

【取材與繁殖】

野外採集或扦插繁殖。扦插時只要一點點的水分即可，就算盆土全乾了也不會有立即的危險，並且會在發根之後對較熱的環境有抵抗力。反倒是盆土若一直維持濕潤的話，幾天內就全都腐爛了。

松葉佛甲草與石板菜同樣都是景天科佛甲草屬的植物，栽培照顧的方式大同小異，它生於岩石、牆頭、屋簷上，特別耐旱但也喜歡潮濕。此盆佛甲草是鄰人自路旁取來莖條，扦插之後兩年已生長得相當茂密。待莖葉變得枯黃乾褐時，可一併將地上部剪除，讓它再發新芽。新芽未萌發之前，要減少給水量。

科別：景天科
學名：*Sedum formosanum*
生長形態：多年生肉質草本
野外生長環境：海岸附近的石縫、岩礫地，以北海岸較多
日照需求：全日照
土壤條件：排水良好的砂質土
開花期：春季

海邊撿拾的礁石，有好幾個小孔，順勢將一旁自生的石板菜小苗植了進去，幾個月之後就成了這小海岸林的模樣。在枝條過長時曾修剪過一次，讓它矮化分枝，才有如今較緊密的感覺。（石高4公分）

蕨類篇

多數的蕨類植物喜歡陰涼潮濕的環境，但這並不意味著它們不需要陽光，或者需要一直浸泡在潮濕的土壤中。在栽培上，蕨類的確很難搞定，它們也不像草本或木本植物可以運用修剪來塑造外型、促使分枝，只有擺對了環境，才能一直維持綠意盎然。

蕨需要的是環境濕度，頻頻澆水只會導致爛根。將數盆蕨類集中管理是營造潮溼環境最好的方式，擺放時讓枝葉略有交錯重疊，那麼盆土與葉片散發出的水氣便會聚積在枝葉間，形成一個小小的潮濕環境；若在盆與盆之間再置放幾個水杯，情況就更加理想，如此的盆栽群落能提升環境條件，偶爾再將要擺設裝飾的某盆單獨取出欣賞，幾天後再放回大家庭。這種群體照顧、輪番走秀，是養蕨賞蕨不錯的方式。

萬年松

【栽培照顧】

萬年松在藥材名稱上有一驚人的別名——「九死還陽草」，這是對它強韌生命力的封號。環境乾燥時，它緊縮全株葉片，捲成小球一般，靜待數週甚或數月，一旦環境開始濕潤，它又舒展開放，從指頭一般大小的球體，竟可伸展達10公分的寬度。

種植萬年松切勿心急把它植入大盆施以大量肥料。它原本的生長速度就很慢，大盆因常維持水分充足的狀態，是它們最不喜愛的環境，而肥料也會使根部腐敗，將它們固定於石隙中靜待成長是較好的栽培方式。

【取材與繁殖】

野外移植採集小苗。根部通常會深入窄小的石縫中，可用手輕拉看看，若不爲所動就得放棄，否則硬挖硬撬不但破壞環境，取來的植株也不易成活。

植入小小的洞中，就會很安份地以此爲家，歷經數年也不會有明顯的長大。(石高4公分)

科別：卷柏科
學名：*Selaginella tamariscina*
生長形態：主莖短，直立狀生長
野外生長環境：郊野、溪谷地的岩壁上
日照需求：全日照至半日照
土壤條件：通氣、排水良好的砂質土

漸漸修剪枯黃的葉，讓短短的主莖看起來像樹幹一樣，體型雖小，卻有樹的風姿。（盆高2.5公分）

萬年松依環境來調節體型的能力，由此小盆就可得知，此株已有十歲，小小個體仍飽滿有勁。（盆高2.7公分）

用黏土包住根部後，直接植入孔縫中，就能固著在石上栽培。（石高4公分）

木賊

【栽培照顧】

木賊是奇特的植物，也是環境優劣的指標，若水質土質遭污染，必然見不到它的蹤影。一根根瘦長的莖，看不見明顯的葉，但節間的黑色線條極爲明顯，頗具現代感，種植在釉色明亮的花器中，更能突顯風格。木賊的生長完全反應現實，養分充足就會長大，養分不足時個子就小，這並非源自瘦弱的體型，而是它們能自行調節供需，因此栽植時可依擺置空間，來調整盆大小與水分等生長條件，而不須以修剪來控制。事實上木賊也無法修剪，枝節一有切口，就會出現難看的焦黑灼傷痕跡，可用手指將焦黑部分拔除，自然就會從節間脫開，不留痕跡。

【取材與繁殖】

採分株繁殖法。依所需根叢的大小由母株分出幾小叢後，先在根部包上一小層水苔再植入新缽，如此較能迅速回復活力。

木賊的附石栽培頗值得一試，先剪短上部莖條，將根系整平，貼附在多孔的珊瑚礁上，再用繩子固定，整個種入土壤中，只露出石塊上半部，待發出新芽之後就可取出，拆除繩子，依正常方式照顧，也可置於淺水盤，經常噴霧水。（石高3公分）

科別：木賊科
學名：*Equisetum ramosissimum*
生長形態：具橫走的地下莖及直立的地上莖
野外生長環境：中、低海拔向陽的溪床邊
日照需求：半日照至全日照
土壤條件：潮濕的砂質土

（石高4公分）

巢蕨

【栽培照顧】

巢蕨又稱「山蘇」，對水分雖有極大的需求，但又不能將它們直接泡在水中，最好是能用間接給水的方式來培育，間接給水是將盆栽植物的盆缽底部置於淺水盤中，盆缽的內部下層要用較粗粒的栽培介質，使得水氣可以上升至盆缽中上層，又並不會使根部直接浸泡水中，盆底層粗粒栽培介質的高度一定要比水面高才行。若有足夠的伸展範圍，根系就能長得相當大，體型也會相當驚人；相對的，若將它限制於小環境中，也就容易變小了。

【取材與繁殖】

要採孢子來繁殖並不容易，但它們的孢子量極多，在大型成熟植株附近一定會有許多小苗，只要撿取這些小苗就夠了。

附在石上生長時要注意水分的保持，用一托盤裝盛少量的水就安全多了，此外，經常在葉面、根系上噴霧水，更能保持翠綠。(石高6公分)

科別：鐵角蕨科
學名：*Asplenium antiquum*
生長形態：莖短而粗，直立，葉叢生
野外生長環境：著生於潮濕林中的樹幹或岩石上
日照需求：半日照至陰
土壤條件：保水力好又鬆軟的栽培介質

取巢蕨小苗，將根系修剪得比珊瑚礁的孔洞小一些，置入後再以水苔將空隙填滿。利用珊瑚礁的天然孔洞與超強的吸水能力，就能即時完成附石栽植。(石高10公分)

許多蕨類的生活環境相差不多，把體型、葉型不相同的種類合植於一盆，也不會有排擠的現象。(盆高3公分)

全緣貫眾蕨

【栽培照顧】

在土質深厚、日光較足夠的地方，全緣貫眾蕨的根系會扎得深，很難拉得動它；若在土壤貧瘠、日照極差處，就只見它幾片鬆散的葉子，甚至連根部都未確實扎入土中，儘管如此，仍然能活，適應力極強。栽培上並沒什麼困難，只要修剪過多的葉片，保持通風良好的狀態即可。環境合適時根系會極度發展，除了將盆缽裏住之外，還會向上將莖的基部包住，這時生長就會變差，所以，小盆每一年，大盆每二~三年就要自盆中取出，修剪過多的根系，更換新土及稍大一點的盆缽，這樣它的莖慢慢也能長至手臂般粗壯。

【取材與繁殖】

野外移植小苗，種植時要先將較大的葉片剪去，葉片過大、過多都會使水分供應不足，也易發生重心不穩不易種好的情形。

取小苗植入小缽，已從原本的二、三片葉長成叢生的模樣。（盆高3公分）

科別：鱗毛蕨亞科
學名：*Polystichum falcatum*
生長形態：莖直立，葉叢生
野外生長環境：海岸林緣之岩縫或岩石上
日照需求：半日照至陰
土壤條件：鬆軟的腐植土

盆中栽植已七年。植入大缽，時間久了就會出現如木本植物般的粗壯樹幹。（盆寬15公分）

筆筒樹

【栽培照顧】

筆筒樹又稱蛇木，在民間還有一別稱叫「山大人」，由此可知它們的體型在蕨類中的確是高人一等。栽植盆中要欣賞的並非高瘦的樹幹，而是分裂極深的三回羽狀複葉，以及莖頂新生的卷曲新芽。

筆筒樹需要足夠的濕度生長才會正常，所以經常給枝幹、葉片噴水極爲重要，若出現焦黃葉片則可自葉基部全部剪除，通常小型盆栽維持在五～六片以下的葉是較合理的，過多葉片會增加植株負擔，反倒不好。

【取材與繁殖】

野外採集小苗。已長成的植株不耐移植，挖取也會破壞生態環境。

以陶杯打洞後充當盆缽。配上青苔，更有林下濕潤的自然氣氛。(盆高5公分)

科別：桫欏科

學名：*Cyathea lepifera*

生長形態：樹狀蕨類

野外生長環境：中低海拔溫暖潮濕處

日照需求：半日照

土壤條件：保水力好的腐植土

舊茶壺也需打洞才能使用。(盆高6公分)

鳳尾蕨

【栽培照顧】

鳳尾蕨喜歡溫暖潮濕的環境，溫度太低時也會停止生長，平日最好置放在每日僅接受二、三小時日照的地點，強烈日照下往往會造成葉尖灼傷而致焦黃捲起，此時要將受傷部份剪除，以免蔓延至下方影響其他正常葉片。常以噴霧方式噴灑葉面比直接澆水更好。

【取材與繁殖】

可輕易自住家四周或野外採集，分株是最常用的自行繁殖方式。

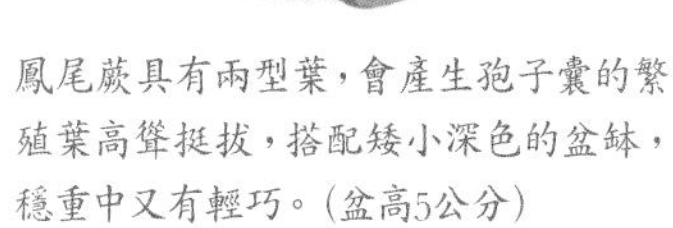

鳳尾蕨具有兩型葉，會產生孢子囊的繁殖葉高聳挺拔，搭配矮小深色的盆缽，穩重中又有輕巧。（盆高5公分）

科別：鳳尾蕨科
學名：*Pteris multifida*
生長形態：羽狀複葉叢生
野外生長環境：牆角、溝邊較濕處
日照需求：極耐陰，些微日照即可
土壤條件：腐植土

同種植物搭配了高低不同的盆缽，再剪去高高的繁殖葉，產生的氣氛就完全不同。（盆高9公分）

科別：合囊蕨科
學名：*Angiopteris lygodiifolia*
生長形態：莖塊狀，葉叢生
野外生長環境：低海拔山區闊葉林下
日照需求：半日照至陰
土壤條件：鬆軟、保水力強的腐植土

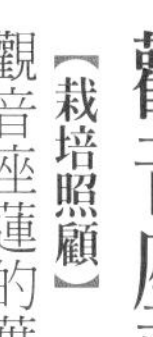

觀音座蓮

【栽培照顧】

觀音座蓮的葉片細緻，但也相當長，有時可達一公尺以上，在野外看到它時，可能不會有種成家中盆栽的念頭。當然，這樣大型的蕨類也是從小小的苗開始，只帶著幾片小葉的新株就適合移入盆中。它的葉基部具有托葉，葉脫落之後，托葉就會木質化，一個個聚集成越來越大的「蓮座」，這「蓮座」正能清楚呈現觀音座蓮的精神。此植物相當耐陰，但向光性也極爲明顯，要記住偶爾轉動方向，否則短時間內就有葉片斜向生長的問題。

【取材與繁殖】

郊野溪谷邊很容易發現它們的蹤跡，盡量尋找路旁坡地上的小型植株才適合家中栽植，採集時先將老葉片全部剪除，植入盆中後再萌出的新葉就會更小。

自野外移植小株上盆，三個月後已發出三片葉。蓮座上的凹洞極易積土，日久可能使基座腐朽或著生雜草、青苔，可用噴霧器清除，既保持美觀也保植株健康。（盆高6公分）

夏季若遭烈日灼傷葉片，可將葉片剪除後置於陰涼處，幾週內新芽又會長出。趁此時機用牙刷將蓮座好好刷洗，除去污垢後看起來更加美觀。

（石高5公分）

萊氏線蕨

【栽培照顧】

水龍骨科的蕨類，都是以匍匐狀的根莖緊貼在地表、岩石或樹幹上生長，模擬它們生長的環境與生長方式，也就能順利栽培。平日多噴以霧水，製造潮濕的環境，擺置在略有陽光的窗台，就能見它欣欣向榮，無須再施以肥料。

【取材與繁殖】

取一段根莖，以附石栽培方式，很容易就能發出新葉。偶爾也能在溪流邊發現附著在小石上的植株，直接撿拾回家照顧更是自然天成。

附石栽培五年。先在石上找尋一處凹槽，植上一株蕨後靜待發展，在等待期間可在石下置一淺水盤，並經常噴以霧水，當有新根莖發出後，以橡皮筋束縛在石上。用橡皮筋可固定卻不會造成傷害，當橡皮筋開始失去了彈性，新長出的根莖應已發根附著了，如此反覆好幾次就能有這樣的作品。（石高8公分）

科別：水龍骨科
學名：*Colysis wrightii*
生長形態：根莖匍匐於地表或岩石上
野外生長環境：海拔1000公尺以下的溪畔及潮濕處
日照需求：半日照至陰
土壤條件：適合附石栽培，或植於鬆軟的腐質土

傅氏鳳尾蕨

【栽培照顧】

大多數蕨類要在陰濕處才能活得好，傅氏鳳尾蕨卻在大太陽下甘之如飴，儘管地表已曬得乾硬也不抱怨。但它能把自己照顧好也是有理由的，先長出的葉，葉片厚實，葉梗堅挺，利用這些天生的大傘，後長出的葉就有了屏障，在保護層下它們就會又嫩又密，直至後來的葉也能適應外面環境時，老葉才功成身退地凋零，在家中培育時務必要順著它們的脾氣，若嫌棄某些老葉遮蔽了視線急著剪除，那麼新芽就不能長得好，要等待時機成熟了才能剪老葉。

【取材與繁殖】

野外採集小叢植株，以減少環境破壞，也較易成活。日後可自行把已有的成株作分株來繁殖。

傅氏鳳尾蕨在海濱的烈日、乾旱堅硬的土質下，仍能長得青翠茂密；若移入冷涼潮濕的環境，反而生長不良。由於橫向生長能力強，很容易就長得茂密。（盆高6公分）

科別：鳳尾蕨科
學名：*Pteris fauriei*
生長形態：橫走狀短根莖，葉叢生
野外生長環境：海濱向陽潮濕的岩石、低海拔山區林緣
日照需求：全日照，但也能耐陰一段時日
土壤條件：排水良好的砂質土

田字草

【栽培照顧】

乍看之下像似幸運的四葉酢漿草，但其實並不相干。田字草生長於泥濘地，早期是普遍可見的水田雜草，水位低時莖短，水位高時莖也會隨之伸長，若不把它當成水生植物，植於盆中，只要保持盆土濕潤，也能適應，而且莖節會縮短，還會有大量分枝發生，葉片也會更小。栽培上沒什麼技巧，肥沃的黏質土就能提供好幾年的生長，終年不斷有新芽產生，也會不時有老化的莖葉萎凋，要隨時摘除枯黃葉片，才能維持整盆綠油油的感覺，若不理它當然也不會有影響，只是變黑的殘葉混雜其間會影響美觀。

【取材與繁殖】

目前園藝上已廣泛栽培，可購買或用野外採集、分株方式取得。

科別：田字草科
學名：*Marsilea minuta*
生長形態：根莖長匍匐狀
野外生長環境：平野濕地、沼澤、水田等靜水域
日照需求：半日照至全日照
土壤條件：黏質土

日照充足是莖葉翠綠結實的要件；刻意搭配白盆使整體更具有清涼感。（盆高6公分）

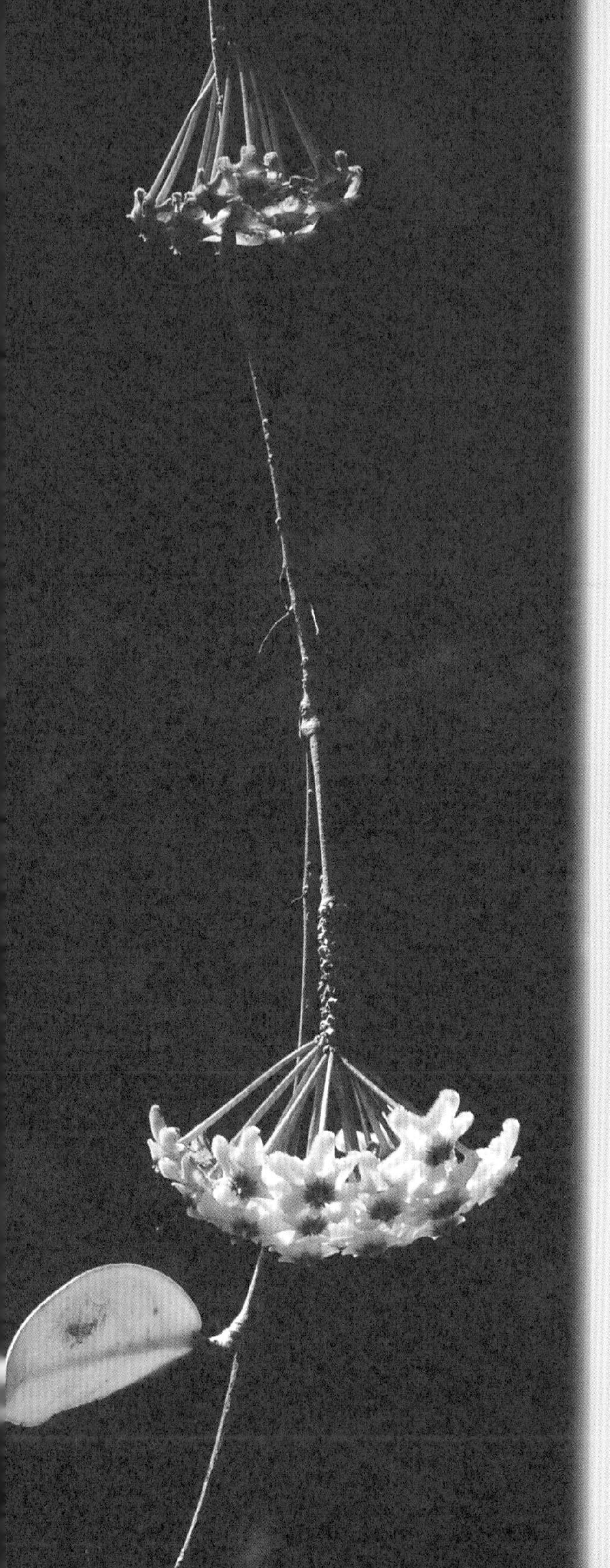

爬藤植物篇

藤類植物外型多變，少有直立生長的，運用它們捲曲、糾結、纏繞的特性，可以創造出獨特有趣的作品，例如運用攀爬的能力，培育出附石形式；或使其失去附著對象，橫伸成懸崖樹型；或保留自然扭曲轉折的枝幹，塑成奇特樹姿。爬藤植物往前伸展的能力遠大於枝幹變粗變壯的發展，栽培時要謹記它們是「藤」，想要育成大樹般的風姿，非得耗費更多的時間不可。

大多數爬藤植物都能以扦插方式來繁殖新株，取材上算是容易。家中除非有足夠空間任其發展，在栽培上是無法讓它展現原始風貌的，僅能利用它生長的特性，在盆缽上展現出截然不同的風采。

取塊根植入盆內，第一年就發出了細緻的新枝條。（盆高2公分）

同一株植物，修剪過後，由原本的兩個枝條變成四個，在第二年已經有更可觀的枝葉型態。

科別：菝葜科
學名：*Smilax china*
生長形態：蔓性灌木
野外生長環境：平地至低海拔山區的林緣或灌叢
日照需求：半日照至全日照
土壤條件：排水良好即可
開花期：春季

菝葜

【栽培照顧】

菝葜從外表看來絕非好惹，它長長的枝條上有尖銳的鉤刺，老莖也相當堅硬，地下的塊莖是不規則的條塊狀，也有不少的尖端突出，要抓起它時得小心避開突起處。菝葜適合培養在較寬闊的盆中，雖然細根並不多，不會在短時間就佔滿盆中空隙，但空間小就會出現生長停滯的情況。菝葜不易分枝，必須在枝條成熟顏色變深時剪短，促使塊莖再長出新芽，漸漸達到飽滿的外型。另外，在春季將有缺損或顏色變深的老舊葉片全部剪除，再萌出的新葉就會有如上臘後的閃亮光澤，像換了新衣一般。

【取材與繁殖】

可將較大的塊莖分割成理想的大小植入盆缽，在新芽冒出之前，盆土只要保持微濕就好，由於自備的水庫——塊莖相當耐旱，若水分過多或植土太過黏重，會使塊莖腐壞或使葉片變大、變薄而失去光彩。

壓條取得後，培育了兩年。（石高2公分）

科別：鼠李科
學名：*Berchemia formosana*
生長形態：常綠攀緣灌木
野外生長環境：北東部中海拔地區
日照需求：半日照
土壤條件：黏質壤土
開花期：夏季

台灣黃鱔藤

【栽培照顧】

葉型極小，嫩綠色，枝條纖細，略帶紅色，有細毛，夏季開小白花，這樣的組合絕對是惹人愛憐的。在野外環境它們生長良好，但盆中栽培卻不太容易，它們怕冷，喜歡潮濕卻不積水的環境，粗根不發達，不易站穩，細根雖多，但支撐力略有不足，而且短時間內就會佔滿盆中空間，必需經常換盆，如此麻煩的植物該怎麼辦呢？找個多孔性吸水力好的合適石塊，將它們種植於較高的凹洞中，再將石塊置於淺水盤，就可克服根系較弱的問題了。

【取材與繁殖】

扦插或採集小苗種植；播種亦可，但因種子成熟後很快就掉落而不易採得。

將扦插繁殖的兩株苗木合植於盆中兩年。合植不見得都要選用直立型的植株，有歪有斜有彎曲的，這些單獨種植不見得好看的個體，合併之後互補所缺反成了較完美的組合。（盆高2公分）

絡石

【栽培照顧】

絡石在郊野很常見，有時單獨一株竟也能爬滿整整一大塊石面，只是它的枝幹不容易變粗，在盆中培養時，要不時剪短伸出的枝條，抑制它們往前的衝力，如此較有可能育成紮實的樹型。當葉片枝條相互堆疊時就要梳理開或修剪，若不去理它，下方會出現僅有枝條而沒有葉片的空洞。

【取材與繁殖】

用扦插法可輕易繁殖成功。另外，在花市很容易購得不同顏色的園藝品種，皆能扦插繁殖。絡石的生長緩慢，但只要有耐心，必能欣賞到造型特別又具有清香的白花，是值得栽培的樹種。

扦插栽培十年，自第三年起就有花可賞。將藤本植物栽培成懸崖樹型是順理成章的工作，但要特別注意別讓枝椏葉片觸地，否則夏日的高溫容易造成灼傷。(左右寬50公分)

科別：夾竹桃科
學名：*Trachelospermum jasminoides*
生長形態：常綠木質藤本
野外生長環境：低海拔山野，常攀附在樹幹或岩石上
日照需求：半日照至全日照
開花期：春

絡石有很多園藝品種，將不同顏色的共植一盆，造成豐富的色彩變化也頗有趣。（植株左右寬32公分）

在生長過程中，這段枝條曾纏住鄰居，將身體扭曲成這般，特別取這段來扦插，自然曲線渾然天成。由於根並不發達，特地選用麥飯石所製的盆缽能增加下方重量，使植株不易搖晃，也增加了些許野趣。（石高5公分）

薜荔

【栽培照顧】

薜荔的攀爬能力極爲驚人，連玻璃窗都可附著而上，石壁、牆面、堤防都是它們一展身手的地方，它們耐陰、耐熱、耐旱，植入盆中後，適應不良的原因多是過濕和環境實在太陰暗所致。由於是藤本植物，往前伸長是本性，盆中栽培時需控制長度，剪除過長的部份，促使發出側芽往橫向生長，若放任不管，長長的枝條接觸到任何物體即可能發出根鬚牢牢抓住，不但可能破壞陽台、家中物件，日後要修剪、移盆也都會麻煩無比。

【取材與繁殖】

扦插繁殖。只要剪取枝梢尾端一小截即可成活，千萬不要貪心由一大枝的中央部位剪取粗枝，否則可能造成後方一大片枯乾。

扦插後，盆中栽培已八年，經常的修剪讓原本爬藤的外型消失，像一株小樹。(盆高2公分)

反覆修剪枝葉，利用每次換盆時再將根部往上提升一些，幾年後露根樹型就能出現。(盆高3公分)

盆中栽培三年，利用巧手將長枝條盤繞成各種線條，也頗有趣。(盆高5公分)

科別：桑科
學名：*Ficus pumila* var. *pumila*
生長形態：常綠攀緣灌木
野外生長環境：平野至低海拔山區，人工栽植亦極廣泛
日照需求：半日照至全日照
土壤條件：黏質壤土

馬鞍藤

【栽培照顧】

海濱沙地上最強勢的植物非馬鞍藤莫屬，它是最優良的定砂植物，新生出的蔓莖，略木質化後就立即長出根來，根有時還可深入砂中數尺，新根一著土，立刻再生長新莖，如此不斷地擴大地盤，也不斷地在荒涼貧瘠的沙地上綻放淡紫色的大型花朵。要種活它們並不難，但也許盆缽實在不夠它們伸展，家中栽培時往往有葉片不夠茂盛，花朵偶爾才開的遺憾。

【取材與繁殖】

可剪取帶根的一小截走莖，順道裝一小袋砂，回家後在缽底鋪層粗石後植入，記得要擺放在日照充足的地方才能順利生長。

取帶根的一截走莖繁殖，在盆中培育已兩年。栽培過程中任其生長，等莖條變粗之後再剪短，這樣再發出的芽就容易長出花苞。（盆高6公分）

科別：旋花科
學名：*Ipomoea pes-caprae* subsp. *brasiliensis*
生長形態：多年生蔓性草本
野外生長環境：全島海岸
日照需求：強日照
土壤條件：砂質土
開花期：日照充足、溫度高時幾乎全年開花

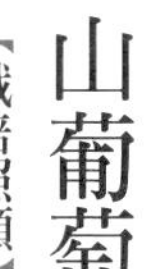

山葡萄

【栽培照顧】

山葡萄在野外是隨處可見的植物，因是木質藤本，所見樹型千奇百怪，端看它們依附什麼攀爬而定。它的根基部會膨脹生長，樹皮粗糙，栽培幾年後也會龜裂，看來頗具老態，由於生長迅速，須經常修剪過長部份，促進多生側芽，也較快變粗，不過也正因如此，盆栽中的山葡萄就不易見到開花結果；如果順應植物，將它們種成自然的懸垂樹型，就能減少修剪，也有機會見到花果了。

【取材與繁殖】

扦插極爲容易，粗大枝條也能發根；野外採集可在秋季進行，此時自然落果萌發的小苗極多，只要在較大植株附近的地面尋找，定有所獲。

以露根栽培的方式育成懸崖樹型，正好符合它的生長習性，既自然又容易栽培。（盆高5公分）

科別：葡萄科
學名：*Ampelopsis brevipedunculata* var. *hancei*
生長形態：落葉藤本
野外生長環境：平野及低海拔山區
日照需求：半日照至全日照
土壤條件：肥沃的腐植土

藤本植物原本就不易直立生長，所以培育山葡萄時也須配合它的個性，養成斜幹或懸崖樹型才顯得自然。（盆高4公分）

扦插繁殖後，盆中養育兩年。枝端葉片雖被毛蟲啃食，但幾週後還能再發出新芽來。（盆高4公分）

科別：芸香科
學名：*Zanthoxylum nitidum*
生長形態：常綠攀緣性灌木
野外生長環境：低海拔山區、海濱
日照需求：全日照至半日照
土壤條件：砂質壤土
開花期：春季

雙面刺

【栽培照顧】

雙面刺的外型令人生畏，全身長了刺，竟連葉面、葉背也一樣，俗稱「鳥不踏」還眞是貼切。雖有不少刺，但翠綠的葉色，尤其新發的紅色嫩芽，閃閃發光；春季枝頭也會開出橘紅色的小花，把它植在自宅中據說還能避邪，這樣的植物總是值得培養吧！原本的葉片並不小，但經幾次修剪以後，會變得小巧精緻，在野外它常攀爬林木或匍匐地面，植入盆中後就會挺立成小灌木一般。雙面刺喜歡略乾燥的環境，是很容易培養的植物。

【取材與繁殖】

在野外算是常見的植物，剪下枝條用扦插的方法就行了，扦插前可把枝條上的銳刺去除，才能方便日後除草、修剪的工作。

經過大雨的沖刷，就見整株只餘這一小截根吊掛在山壁上，將它搶救回家後養了一年，已恢復健康，再過一年葉簇間應該就會出現可愛的小花了。（全株上下35公分）

洋落葵

【栽培照顧】

俗稱「川七」的洋落葵，雖是外來植物，因葉片可食用，農村栽培後現已成了極強勢的歸化植物，幾乎到處可見。它的老莖很容易長出奇形怪狀的零餘子，用手將這些零餘子剝下，傷口朝下，放入盆中把土填好即可栽培。平日別澆水過多，半乾旱狀態才不會恢復藤蔓亂長的原樣，可把長得過長的莖剪除，這些零餘子就能欣賞很長的一段時間。配盆時，只要能裝得下這零餘子，稍有容身之處即可；過長的蔓莖要修剪去除，才易維持外型的特色。

【取材與繁殖】

剝取老莖上的零餘子，植入土中繁殖，但須注意生長方向，不要上下錯置了。

科別：落葵科
學名：*Anredera cordifolia*
生長形態：多年生肉質藤本
野外生長環境：村落住家附近、廢棄地隨處可見
日照需求：半日照
土壤條件：不拘

不同形狀的零餘子半露出盆面，搭配零星長出的小葉，也頗有趣。(盆高2.5公分)

扦插後六年的成果。它的枝條天生就是向下伸展，想要種成直立樹型反而比這種懸崖型難多了。(盆高4公分)

越橘葉蔓榕

【栽培照顧】

野外見到時，很難將越橘葉蔓榕看成是「樹」，它們多匍匐在地面、岩面，即使粗如指頭般，也少見直立的；但在盆栽利用上，卻可培育成各種型態的「樹」，它們葉型極小，分枝多，枝條自然向下生長，樹皮深褐色且粗糙，小小體型就能有老樹的感覺，也適合作成附石的模樣，不但符合自然天性，也能避免盆土過濕的困擾。

平日修剪時，盡量保留橫向與直立生長的枝，同時剪除朝正下方生長的枝條，短時間內就能有不錯的樹勢，切記用不著施肥，一旦養分充足，葉片會增大許多，枝條也會變得鬆散，造型就不夠緊湊結實了。由於耐旱能力極強，平日不要給予太多水分，植土一直保持潮濕的情形下，葉片會長大數倍，也會失去原有的光澤。

【取材與繁殖】

扦插，剪下一段帶有根系的枝條回家栽培就行了。

科別：桑科
學名：*Ficus vaccinioides*
生長形態：常綠藤本
野外生長環境：海濱至中海拔開闊地、河床及林緣
日照需求：全日照
土壤條件：排水良好的砂質土

木本植物篇

木本植物包括了細緻的小灌木、優雅的小喬木、挺拔的大喬木，冷峻的針葉樹，樣貌雖多卻都能一一被安置在盆缽中，它們的壽命往往比栽培者長，如果照顧得好，甚至能傳承好幾代。

栽培木本植物需要更多的耐心與付出，某些種類需要近十年才能開花結果，二、三十年才能出現樹皮龜裂的老態，它們沒有所謂的最終造型，在栽培的過程中，每一年都有枝幹變粗、枝椏更茂密、根盤更虯結、葉片更細緻的變化，這些點點滴滴的進步，是栽培者最大的享受。面對這些生長緩慢的植物，盡量不要以施肥來求得加速成長，否則流失了自然風味，僅得到鬆散肥潤的枝條，就失去了盆景的氣質。成熟的木本盆栽，散發著內斂沈穩的風韻，這是草花植物所無法孕育出來的。

金絲桃的枝條柔軟，除主幹可能直立生長外，其他枝條都會向外傾斜，需注意調整枝條位置，不要任其自由發展，相互堆疊一起時，下方的枝就會落葉枯乾。（盆高5公分）

台灣金絲桃

【栽培照顧】

北部較多見的是台灣金絲桃，雙花金絲桃性喜溫暖潮濕，在中、南部低至中海拔山區的溪谷邊巒常見的；兩者的花、葉都極爲相似。由於常在看來乾燥的石縫中看見枝葉繁茂的植株，就誤以爲它們耐旱，事實上金絲桃的根極爲深入潮濕的岩層。它的萌芽力強，若不將過長的徒長枝剪除，樹型就會雜亂無章。雖然喜愛較濕的環境，若無端落葉則表示盆土過濕了，可能根部已受損，需立即更換盆土或控制水分。

【取材與繁殖】

扦插繁殖，使用老枝、粗枝也可成活。盆中栽培一段時間後，可以再分株，直接將整叢植株剪切分開種植，但切口需覆土避免曝曬。

科別：金絲桃科
學名：*Hypericum formosanum*
生長形態：常綠灌木
野外生長環境：北部海拔*1000*公尺以下山區之多石地或乾燥溪岸
日照需求：全日照至半日照
土壤條件：濕潤不積水即可
開花期：夏季

野牡丹

【栽培照顧】

野牡丹在台灣分佈極廣，花色通常為紫紅或粉紅，也有白花品種。在未開花時，葉不出色，樹勢也不見得優雅，可能擦身而過也不會發覺它們的存在，但花朵一來可就不同了，新枝頂端開出體型不小、色彩鮮艷的花，而且每個枝端竟可長出四到五個花苞來，次第開放，每朵花雖然壽命只有幾天，但全株的賞花期幾乎可達一整個月。

春季在新梢長出後，將頂芽去除，可分生較多側枝，夏季的花朵也才會變多，野牡丹的細根極為發達，根系只要擠滿盆缽就容易出現枯枝，頂多兩年就需換盆、換土。

【取材與繁殖】

採集褐色蒴果，取出裡頭又多又細的種子播種；也可扦插繁殖，盡量選取已有分叉的枝條，較能培養出豐滿的樹型。

扦插後三年，由於枝條不易長得茂盛，不妨就欣賞簡單的線條，讓整盆呈現高雅素淨的氣質。(盆高7公分)

科別：野牡丹科
學名：*Melastoma candidum*
生長形態：常綠小灌木
野外生長環境：平地至低海拔山區路旁
日照需求：全日照
土壤條件：砂質壤土
開花期：夏季

小金石榴也是野牡丹科植物，花苞發育期極長，約自十月初即可看見小小花苞出現，但花序會逐漸變大變長，直至第二年的三月才開出，這期間如有徒長枝出現或葉片極茂盛的情形，都要修剪，才不會花期已至卻只存留少少幾個苞在花梗上。此盆栽為扦插之後三年。(盆高10公分)

科別：豆科
學名：*Desmodium caudatum*
生長形態：多年生落葉灌木
野外生長環境：平地至低海拔山坡、荒廢地
日照需求：全日照
土壤條件：黏質壤土
開花期：夏至秋

由於枝型容易散亂，在小盆中就顯得相當擁擠，植入較大盆中可使此現象緩和一些。（盆寬12公分）

小槐花

【栽培照顧】

小槐花又稱「茉草」，在中國被種植作爲避邪之用已有極長的歷史。雖然野外所見就是一大叢，植於盆中也就是一小叢，但它的骨幹灰褐略粗糙，即使是年輕苗木看來也有古意，若注意修剪，也能育出一般盆栽的模樣。初夏所開的花不怎麼起眼，但隨之結出長長的莢果懸吊於枝頭也相當有趣，它們的根部極爲發達，長久不換盆不是把自己頂出盆外，就是乾脆把盆缽擠破，若以附石栽培應該是極爲恰當的。

【取材與繁殖】

剪取有分叉的枝條或帶有曲折的枝來扦插，極容易成活，它生性強健，一年四季都可進行扦插。

附石栽培後三年，根已牢牢抓住石塊了。（盆高2公分）

金毛杜鵑

【栽培照顧】

金毛杜鵑的葉片、植株都比一般杜鵑要大得多，不過一旦適應了盆中生活，就能縮小下來並且照常開花。它的花苞生長期頗長，約在12月就可看見小小的苞隱藏於葉簇間，所以入秋之後就不要再爲了樹型而動剪整修，以免將花芽也剪掉了。它的結果率極高，但結果後往往使生長呈現停滯現象，最好在花謝後就自花朵基部完全摘除，這樣很快就會再萌生出數枝新芽來，新芽成長後隔年也就有更多花朵了。

【取材與繁殖】

扦插即可成功繁殖，它們是台灣特有種，在人跡常至的低海拔山區已日漸稀少，千萬不要在野外挖取，剪下一小段枝條就夠了。

花芽只出現在新枝頂端，要保留長枝，在花後才修剪，才不會喪失一年一次開花的機會。(盆高4公分)

金毛杜鵑即使未開花，一片片翠綠毛茸茸的葉片看來也極爲有趣，這些今年新生的葉片在夏末會逐漸變小變厚，顏色也轉爲深綠色。(植株左右16公分)

科別：杜鵑科
學名：*Rhododendron oldhamii*
生長形態：落葉灌木
野外生長環境：海拔2500公尺以下山區
日照需求：半日照至全日照
土壤條件：保水力好，透氣性佳的壤土
開花期：4~5月

小葉桑

【栽培照顧】

因絲業發達，桑樹在中國已有數千年的栽培歷史，台灣全島也幾乎隨處可見，它是很理想的中小型盆栽樹種。葉片變化多端，同一棵樹上，可見鋸齒緣至深裂的葉形，枝細、分枝多、根部發達，適合栽培出各種樹型又能結出大量果實，唯一的缺點就是容易遭到蟲害，尤其葉片被啃食的機率相當高，春夏要特別注意葉片有無缺損，或巡視盆土表面有無粒狀的排泄物，只需找出蟲兒，無須噴藥。

【取材與繁殖】

以扦插繁殖，成長極爲迅速；播種栽培雖慢，但日後的根基部卻較易粗壯美觀。

桑樹的根紅褐色，外表粗糙，很能膨脹變粗，用來附石栽培，短短時間就能有蒼勁老樹的味道，此盆在扦插兩年之後，再以附石方式栽培，至今五年。（盆高4公分）

扦插發根後，植於盆中三年。
（盆高3公分）

科別：桑科
學名：*Morus australis*
生長形態：落葉小喬木
野外生長環境：平野至低海拔山區
日照需求：全日照
土壤條件：黏質壤土
結果期：3月至初夏

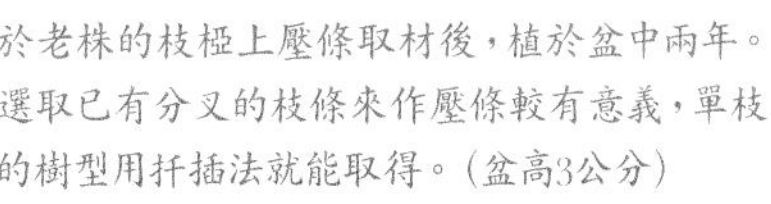

於老株的枝椏上壓條取材後，植於盆中兩年。選取已有分叉的枝條來作壓條較有意義，單枝的樹型用扦插法就能取得。（盆高3公分）

以壓條方式取得叢生的樹型後，就植於小小盆中，至今雖已十年，卻仍保持清爽的外型。(盆高2公分)

木槿

【栽培照顧】

木槿極容易栽培，枝條幾乎都呈直立狀生長，幼苗期可放任生長，約兩三年後再依想要的高度截斷，就能萌生許多放射狀的分枝，分枝多花也就相對增多。木槿的花芽著生於成熟硬化的當年枝葉腋，每朵花壽命約二～三日，但花開花落可連續幾個月，直至落葉才進入休眠，是值得觀賞的盆栽品種。奇怪的是許多蟲都喜歡以木槿樹幹爲家，如果發現盆土上有細碎木屑時，要找出樹身上的小洞，然後以水性殺蟲劑朝洞內輕噴一下，再捏一小團衛生紙將洞口塞住，否則可能遭嚴重啃咬而枯死。

【取材與繁殖】

新枝、老枝皆可輕易扦插成活，若在開春之際，可剪下一小段約小指粗細、線條有變化的根來作根插，就可得到造型有趣的作品。

科別：錦葵科
學名：*Hibiscus syriacus*
生長形態：落葉灌木至小喬木
野外生長環境：低海拔地區，鄉間常植爲綠籬
日照需求：全日照
土壤條件：不挑土質，但因根系不甚發達，容易搖晃傾倒，土的重量要夠。
開花期：秋至冬季

台灣火刺木

【栽培照顧】

火刺木又稱「狀元紅」，在中國已有數千年的栽培歷史，它那結滿樹梢的小果子變得鮮紅欲滴時，正是昔日科舉時期頒佈狀元的時候，因而有這麼喜氣的名字。花芽是在成熟的去年枝葉腋下分化萌生的，所以爲了有較多的花、果可看，不要因造型而經常修剪，以免空長枝葉而不見花果。開花時也勿爲了欣賞而長期置於室內，否則少了昆蟲的幫忙授粉，就結不出果子了。

【取材與繁殖】

扦插、播種，或至大型植株下方尋找落果後自然長出的小苗。利用壓條技巧也容易取得粗壯的新株。

科別：薔薇科
學名：*Pyracantha koidzumii*
生長形態：常綠灌木
野外生長環境：除東部河谷地帶尚有自然群落外，常見的都是人工栽培
日照需求：全日照
土壤條件：養分足夠的壤土
開花期：2～4月

扦插後栽培八年，自第二年起就能開花。若要確保每朵花都能結出果實，不妨拿枝水彩筆或毛筆，輪流在每朵花間沾一下，權充月下老人的報酬就是入秋後的鮮艷紅果。（盆高4公分）

凹葉柃木

【栽培照顧】

柃木屬的植物在台灣有12種，分佈極廣，由海邊至山區都能看得到，但外型差異不大，葉片都是帶有光澤的革質葉，許多盆栽人士就統稱這類植物爲「碎米茶」，因爲它們的白色花朵又多又密，短短枝條就能開出數十朵花來。

柃木生性強健，極耐修剪，短時間就能整修出理想的樹型。盆中積水是種植失敗的主因，根若腐壞，上方葉片也會逐漸脫落，此時要將爛根剪除，並將長枝剪短後重新種植於較好的環境，就能很快再萌芽復原。

【取材與繁殖】

種子成熟後採集並直接播種；扦插也可成活，但以年輕枝條的成活率較高。

柃木原本就不易直立生長，將它斜著種植對日後的照料反而方便。（盆高3公分）

科別：茶科
學名：*Eurya emarginata*
生長形態：常綠灌木
野外生長環境：台灣北部海濱
日照需求：半日照至全日照
土壤條件：排水良好即可
開花期：春季

撿拾海邊的珊瑚礁，利用天然形成的凹洞來種植，在培育初期要將石塊也全埋入土中，待植株茁壯後再慢慢去除四周土壤使主體露出，千萬不能操之過急，否則很容易因根系在內部的發展尚未完整而脫水枯死。（石高7公分）

十大功勞

【栽培照顧】

十大功勞生長緩慢，但這也給了懶於動剪的人好理由，它十分耐旱，稍濕也可忍受，算是很好照料的植物，每年冬末就在枝端有小球狀的花苞聚集，一直到天氣轉暖後綻出鮮黃的小花朵，花後也有機會結出灰藍色的小果，它的分枝性不強，花後可將長枝剪短，有可能長出三～四個小芽，但不見得能全部茁壯，在新芽發出後只保留二個位置較好的芽，能使這芽長得快些，不過修剪後再發出的芽，即使長成了枝，第二年開花的機會也不大，但再過一年就能開花了，種植它們可要有耐心才行。

【取材與繁殖】

扦插可成活，但用壓條方式能取得較粗壯的植株，也能縮短開花前的栽培期；播種也行，但對於急性子的人來說實在太難熬了。

科別：小檗科
學名：*Mahonia japonica*
生長形態：常綠灌木
野外生長環境：北部低海拔山區
日照需求：半日照至全日照
土壤條件：一般壤土
開花期：4～5月

由於生長緩慢，扦插後在盆中培育六年也不曾換盆。約自第二年起就在枝端開出花來。（盆高8公分）

石斑木

【栽培照顧】

對於土壤雖沒什麼特殊需求，但一定要排水良好。枝條以車輪枝狀生長，若剪除側枝留下中央直立枝，能較迅速變高變粗，但盆中栽培卻要反其道而行，才能使植物矮化茂密，也就是留下部分輪狀枝，把中心部份的直枝剪除，如此經過幾次修剪，就能得到較爲豐滿的樹型與曲折的枝型。

【取材與繁殖】

可在夏季剪取當年生長的枝條扦插於砂質壤土中，約二個月就能長出不少新根；老枝不易成活，播種亦可但成長緩慢。

科別：薔薇科
學名：*Rhaphiolepis indica* var. *tashiroi*
生長形態：常綠灌木
野外生長環境：中、北部低海拔地區
日照需求：強日照生長較佳，但也相當耐陰
土壤條件：不拘，貧瘠土壤也可生長良好
開花期：4～6月

與左圖相同的一棵，一年後由兩個分枝變爲四枝，花朵數量也就倍增了。(盆高4公分)

扦插繁殖後兩年。
(盆高3公分)

森氏紅淡比

【栽培照顧】

北部山區常見的小喬木，革質葉帶著光澤，以往在山區工作的人們喜歡用它的枝幹作爲工具的柄，堅韌耐用，由此也可想見它的質地絕不適合用金屬絲來整姿，要以修剪的方式來塑造樹型才好。因生長緩慢，用來培育成小型盆栽相當理想，它生性強健耐旱也耐濕，在小盆中五、六年不換盆也沒什麼不適。每年可在春末及秋初將葉片剪除，促使分生小枝，也可把稍大的葉片變小，在小盆中看來更協調。紅淡比枝幹密度大，葉厚，上方重量相當大，鬆鬆的植土無法使它穩立盆中，配土時要特別注意。

【取材與繁殖】

山區路旁自生的小苗極多，可撿取栽植，或剪下已分叉的細枝扦插，一發根就已有基本型態。

原本是小喬木體型的植物，也可以利用植入小缽，再加上適度的修剪培育出「型小相大」的氣勢。此盆栽扦插後八年，個子雖小卻十足蒼勁。（盆高3公分）

栽培三年。將小苗塞進石縫中，直接種入盆內，因石頭的重量，即使在淺淺的小盆內，仍然穩重不傾倒。（盆高1.5公分）

科別：茶科
學名：*Cleyera japonica* var. *morii*
生長形態：常綠小喬木
野外生長環境：北部低海拔山區
日照需求：全日照
土壤條件：需質、量稍重的土壤

燈稱花

【栽培照顧】

燈稱花是極爲普遍的植物，葉小，枝細，既會開花又能結果，但在盆栽作品中卻極少見到它的身影，原因在於它的個性極爲固執，完全無法接受金屬絲纏身這件事，只要枝條繞上了金屬絲，很快就會乾枯，因此傳統的盆栽整型技法在它身上全無施展之力。

其實燈稱花的橫向生長力極佳，只要適當修剪，稍費時日也能成爲優良作品。每年入秋後稍給予施氮肥，則來年萌生的新枝就會更多，初春時每片葉腋下都會有鈴鐺般的小花大量掛著，開花期間擺在戶外的時間可較長一些，日照充足才有機會結出果子來。

【取材與繁殖】

播種或採集幼株，扦插成活率不高，採用壓條法則可成功取得新植株。

科別：冬青科
學名：*Ilex asprella*
生長形態：落葉小灌木
野外生長環境：全島低海拔地區
日照需求：半日照
土壤條件：略潮濕的壤土
開花期：3月

盆缽不一定就是栽培植物的最佳選擇，此植株橫生的枝條與貝殼上橫生的小刺相呼應，效果肯定比光滑的盆出色。(全株左右長19公分)

利用兩次換盆的時機，將原本就橫生的枝條慢慢傾斜，露出根系，並使主幹呈水平狀態，就成了這種揖客入門的迎賓樹型。
(盆高5公分)

水麻

【栽培照顧】

登山踏青總是很容易看到水麻，尤其夏季看到長長枝條掛滿密密麻麻橘紅色的小果子，更是令人興奮。它們普遍分佈在山野中濕度高、水分充足處，即使生長在石縫間，那石壁也是潮濕的。

人為培育並不容易，但抓住了要領也就能養出不錯的盆栽來，用保水力強的培養土，可混入部份剪碎的水苔，加強植土的保水力，同時也使土質較鬆軟不易積水。雖然需要日照，但必需避開正午的烈日，平日擺設於陰涼處，偶有陽光能照射到即可。水麻對惡劣環境的對抗方式，就是短時間內掉光所有葉片，此時可別把它們放棄了，經常在枝幹上以噴霧方式補充水分，葉片很快就會長回來。

【取材與繁殖】

播種或採集牆角石縫中枝幹伸展有趣的植株，也可選取枝條略有曲折的部份進行扦插。

同科的密花苧麻也十分常見，栽培上極容易，無須特別修剪，就能自然形成橫闊的樹型。（盆高5公分）

水麻木質疏鬆，細密的根適合附著於多孔性的礁岩上，只需下襯水盤，就能使植物欣欣向榮。（左右長14公分）

科別：蕁麻科
學名：*Debregeasia orientalis*
生長形態：常綠灌木至小喬木
野外生長環境：普遍分佈於低至高海拔潮濕處
日照需求：半日照
土壤條件：濕潤的腐植土
開花期：春、夏

青楓

【栽培照顧】

青楓是盆栽植物中，最容易培育出各種樹型的種類，生長迅速，分枝性也強，從小品至大型盆栽它都能勝任愉快。切除新生嫩芽，漸進的矮化處理就能使之枝椏細緻、葉型小巧，夏末記得施予薄薄的氮肥，天冷落葉前才能有火紅的葉色；梅雨季時因長期多濕，若盆土排水不良加上通風不足，常會染上白粉病而使樹勢衰弱，噴灑大生粉後移至通風處即可痊癒。

【取材與繁殖】

扦插、播種、壓條均可。事實上在大樹附近就可拾取相當多的自生小苗。

科別：槭樹科
學名：*Acer serrulatus*
生長形態：落葉中、大喬木
野外生長環境：平地至中低海拔林中
日照需求：半日照至全日照
土壤條件：略潮濕的壤土

種子直播於淺盆中兩年後，根系已相互糾結，將之整片移入這石板中，又過了六年，其間也曾數次除去位置不良及生長較弱的植株。圖中植株正逢春發出嫩紅新葉。(盆寬37公分)

若只留主幹剪去側枝，讓樹勢自然向上竄升，就會有文人樹型的氣氛。（盆高1公分）

剪去主幹後，較能創造出自低處分枝的樹型。（盆寬25公分）

楓香的主根、側根都相當發達，利用此特性來培育附石樹型極爲適合，但要選擇質地堅硬的石材，才不致被根系擠壓、破裂。(盆高1.5公分)

楓香

【栽培照顧】

幼苗時期通常直立生長，分枝不多，需常以修剪的方式促進小枝的增生。楓香直根極爲發達，可在小苗時期剪除，培養出適合的側根，日後才能栽植於較常使用的淺型盆缽。由於根系發展相當迅速，約二、三年就需換盆，以免因根壞死造成上方枝條枯乾。楓香是相當需要水分的大型樹種，體內含水量也極高，換盆整理根系時，不妨將整理過的植株放在陰涼處幾個小時，待切口的水分凝結後再入盆，避免感染導致爛根。

【取材與繁殖】

可用播種或壓條法，扦插法成功率不高，在大樹四周也有爲數不少的自生小苗。

科別：金縷梅科
學名：*Liquidambar formosana*
生長形態：落葉大喬木
野外生長環境：平地至中低海拔
日照需求：全日照至半日照
土壤條件：略潮濕的壤土

雙幹樹型多是以壓條方法取得的，此株大約已五歲。（盆高1.5公分）

有時樹幹上的傷痕不見得就是缺點，原本幹下方的粗枝被天牛啃了外皮而乾枯，剪除後經過幾年的自然腐朽，樣子竟像肚臍似的，也頗有趣。（盆高2公分）

三年前隨興將剛萌芽的小苗塞入石縫中，長大後竟然也把縫隙填滿了，它的年紀雖小，卻頗有古意。（盆高4公分）

流蘇樹

【栽培照顧】

流蘇在野外的族群相當稀少，反倒是近年來人工培育增多，逐漸普及於公園或種爲行道樹。它們純白的大型花序在枝梢綻放時，幾乎遮蓋了綠葉，使得全株看起來像把大白傘般壯麗。流蘇的生長中規中矩，不易發生樹型雜亂的情形，偶有枝條過長也不要在春季修剪，否則剪過的那枝條就不會有花可賞，最好在一落葉時就把外型修剪一番，來春就會有可觀的花姿。因根部相當發達強健，頗適合育成附石或露根樹型。

【取材與繁殖】

扦插或壓條。春、秋兩季都會開花，所以夏、冬兩季也都能找到種子，採集後直接播下，不需另作冷藏處理。

科別：木犀科
學名：*Chionanthus retusus*
生長形態：落葉灌木或小喬木
野外生長環境：北部低海拔山區
日照需求：全日照
土壤條件：黏質壤土
開花期：春季（秋季也會少量開花）

此株扦插繁殖後已約有十年，在這盆中也生活了四年之久，雖未換盆換土，仍能開出這麼多花。（盆高4公分）

科別：馬鞭草科
學名：*Premna microphylla*
生長形態：落葉小喬木
野外生長環境：東部及北部森林中
日照需求：全日照
土壤條件：砂質壤土
開花期：5～6月

此盆個子雖不大，但自扦插後也有三十幾年樹齡，蒼勁的外型是長期仔細修剪的成績，沒什麼困難，只要有耐心就足夠了。（盆高1.5公分）

臭黃荊

【栽培照顧】

臭黃荊因有股特殊而強烈的氣味，別稱「麝香楓」，或許就是這強烈的味道，使得它幾乎是百蟲不侵，甚少有病蟲害發生。它的分枝性強，橫擴性佳，而且極能忍受重度修剪，很容易就可修剪成理想中的樹型。不過它的根部卻不甚強健，尤其只要積水或透氣不良，立即會落葉，環境溫度稍有較大變化也會落葉，一年中大約有四～五個月是在無葉狀態，但可別以爲它們枯死了，靜待一兩星期就會再長出來。

【取材與繁殖】

扦插，採集小苗木。野生小苗根系極長，採集時可先將長根剪除，除了利於攜帶，以後的種植也較方便。

僅6公分的樹高，卻能散發出數十年老樹的風韻，這是經常摘芽，抑止樹勢往上竄升的成績。盆中栽培已十五年。（盆高1公分）

榔榆

【栽培照顧】

榆樹既耐旱又耐濕，強烈日照或光照不良都無法影響它的旺盛生機，從行道樹至掌中把玩的小盆栽，都能勝任愉快。它枝條柔軟易於塑造各種樹姿，枝葉茂盛能修剪成各種造型，但一般人卻不易將它們栽培成理想的盆栽，原因多出在剪的功夫上。

榆的枝條常向側方生長，稍長的枝就因重量增加的關係而下垂，長時間不修剪就會看來散亂，且因枝葉相疊的影響，造成中央部位不見葉片，只有枝端寥寥幾枚，一副無精打釆，必須將外圍過長的枝剪短，才能改善通風與日照情形；另一方面有些人卻因它們生長快速而太常修剪，但未發育完全的枝條，一旦受了傷，就容易造成枯枝。

【取材與繁殖】

播種、扦插、根插都能成功繁殖。根插的效果不錯，選用自然轉折扭曲的根，可培養出難以想像的各種樹型。

將50公分高的植株切短至3公分，保留了新萌出的左右各一個芽，不斷經過修整剪枝，培養十年後，就有這樣的粗壯體型。（盆高1公分）

科別：榆科
學名：*Ulmus parvifolia*
生長形態：落葉喬木
野外生長環境：平地及低海拔山區
日照需求：半日照至全日照
土壤條件：砂質壤土

本書第72頁合植成林的榔榆小苗，經過六個月的生長，已變得茂密許多，將較靠近土面的細小側枝剪除，使樹幹線條清楚可見，就更有森林的感覺。

從當初合植小苗起至今已有二十多年的歲月，期間也換過兩次盆。盆壁略有高度才能使根系緊密地糾結，待這些根系合成一體時，再整片移入極淺的成品盆中，就不會有鬆散傾倒之虞。（石盆長度45公分）

木麻黃

【栽培照顧】

木麻黃是台灣很普遍的海岸防風樹種，喜歡排水透氣都優良的砂質土，雖然耐旱，但也不能讓盆土完全乾透。其綠色的細枝條上多節，容易拔開，每個節上有已經退化的細齒狀葉，形成淡顏色的環節。

它的骨幹堅挺直立，但側枝細枝卻易伸長而下垂，利用這特性可使它們平面發展成寬廣的枝椏，修剪較粗的枝椏當然得用剪刀，但細長的綠色小枝條卻只適合徒手捏除，以手捏除會在細枝的節間處自然脫開不留任何痕跡，若用剪，則會在尖端造成焦枯難看的傷痕。將太長的細枝變短，能促使新芽在枝條的其他部位萌發，經常去除長枝能使原本鬆散的樹姿變得緊密，看來更爲飽滿。

【取材與繁殖】

種子在海濱很容易撿到，把毬果裡的細小種子敲出就能播於盆中，由於發芽率並不高，可多播一些；扦插也極易成活。

科別：木麻黃科
學名：*Casuarina equisetifolia*
生長形態：常綠喬木
野外生長環境：濱海地區的防風林
日照需求：全日照
土壤條件：砂質土

扦插時，以斜斜的角度入土，日後當然也就長成這種不常見的樹型，此盆扦插後栽培六年。（盆高1公分）

把樹斜著種，不安定的感覺反而使人有遐想的空間。培育斜幹樹型絕非把筆直的植株斜種，而是選擇根有偏向生長，或枝條左右生長不均衡的植株，因勢利導不但容易，看來也較自然。這棵白雞油也是用了約十年的時間，利用二、三次換盆時，慢慢下傾所得來的成果。（盆高3公分）

白雞油

【栽培照顧】

白雞油又稱「光臘樹」，油亮的羽狀複葉就像上了一層臘般的光亮，是很容易整理的樹種，把枝條剪短後就能分生出兩個新枝，再從這分枝去選擇預備生長的方向，即保留所需的枝而剪除另一枝，修剪幾次後就能依自己的設計培育出理想的樹型。需要足夠日照，光線不足時葉片會擴大而與植株不成比例，若有此情形，要將葉片剪除再移至陽光下，再萌出的葉就可恢復正常。因根相當發達，很快就會使盆缽變得擁擠，但不可因懶得換盆一開始就植入大盆，它們照樣會很快地把大空間也充滿，整個外型也將放大好幾倍，不再有可愛的模樣了。

【取材與繁殖】

用扦插法很容易取得新苗，手指粗的枝也能扦插成功，但建議還是由細枝培養起，以粗枝扦插得來的植株，不易有優雅的感覺。

喬木通常是一柱擎天的樹型，少見從極低處就分枝的，圖中這株是由樹齡約十年的母株上，用壓條方法取得，至今也栽培五年了，那麼它該算是五歲還是十五歲呢？（盆高1.5公分）

科別：木犀科
學名：*Fraxinus griffithii*
生長形態：半落葉喬木
野外生長環境：低海拔山區、溪岸
日照需求：全日照
土壤條件：肥沃壤土

刺裸實有橫向生長的特性，無需強求直立，順著枝條修剪就好，把太長的枝剪短，日後也會有不錯的外型。此株扦插後已栽培五年，每年都有不錯的結果率。（盆高5公分）

刺裸實

【栽培照顧】

刺裸實又稱「北仲」，個頭不大，也常呈懸垂狀生長，花、果雖多，但也因體型小，得要相當靠近才能察覺它們的美，極小的白花常躲在葉片下方，花後會結出鮮紅色心型的果，成熟後裂開，露出閃亮的黑色種子，有時一株植物還同時露出了花、果、種子，是非常適合小型盆栽的樹種。因分枝性不好，幼苗時期可多次修剪促使多生側枝，日後才有飽滿的樹型，雖耐旱但不耐陰，幾天不澆水可能挺得住，但一星期都在室內就會落葉，平日在陽台栽培時，要記得找個有日照的位置。

【取材與繁殖】

扦插、播種。老枝扦插也能成活，播種則曠日廢時，建議剪取較粗的老枝扦插，可節省不少培育時間。

科別：衛矛科
學名：*Maytenus diversifolia*
生長形態：常綠灌木
野外生長環境：中南部濱海地區
日照需求：全日照
土壤條件：透氣性佳的砂質土
開花期：5～10月

播種後三年，已能開出大量的小白花，花期約有二至三星期。（盆高4公分）

台灣黃杉

【栽培照顧】

台灣黃杉樹型高大，但它的枝葉卻細緻得與幹身不成比例，作爲盆中栽培物，不論大小都適合。整修大多不必用刀剪這類工具，依賴手指反而靈活，在春末將新梢的尾端以手指捏除，就會在枝的下方再萌出新芽，新芽萌出後，再將位置不理想的芽以手指去除，就可不著痕跡地使它們自然矮化、細密，全然看不出曾作過了整姿工作。

【取材與繁殖】

可採種子來播，但幸運的是扦插也可成活，這在松科植物中是相當少見的，如能取得枝條，建議使用扦插法來培育苗木。

挺拔的樹型以淺盆較能表現出氣勢。此植株扦插培育至今已有十年。(盆高3公分)

科別：松科
學名：*Pseudotsuga wilsoniana*
生長形態：常綠大喬木
野外生長環境：中央山脈中低海拔之闊葉林內
日照需求：全日照
土壤條件：排水良好的壤土

栽培植物並非一定要遵守體型多大就植入多大的盆，所謂的盆景即盆中有景，以水泥爲材料所作的盆缽，右方留下的一大片空間，增加了不少想像空間。這些小樹苗是扦插後四年的成果。(盆長42公分)

海桐

【栽培照顧】

海桐在濱海地區原本就常見，又因葉色亮麗，能開花且耐得住空氣污染又耐旱，現在反倒成了人爲大量培育的樹種，用來作爲分隔島上的植栽或綠籬。栽培上沒什麼難處，只要陽光充足，盆土不積滯水分，每年花後修剪一次，就能生長良好。根系乃橫向發展，極適合種植於淺盆中。

【取材與繁殖】

播種或扦插；在大片種植的樹蔭下，也能找到小苗木，它們萌發後因日照不足，少有能正常活下來的，入秋之後可尋覓這些苗木蹤跡，到冬季就可能找不到了。

無意間發現了樹上某個分差枝，一邊的枝條長出全綠的葉片，另一邊卻是帶著白色線條的斑葉，於是用壓條法將它取下栽植盆中。（盆高1公分）

科別：海桐科
學名：*Pittosporum tobira*
生長形態：常綠灌木
野外生長環境：北部海岸叢林
日照需求：全日照
土壤條件：砂質土
開花期：春季

同樣以壓條方式取得的多幹新株，壓條後上盆一年。（盆高3公分）

野漆樹

【栽培照顧】

野漆樹的枝椏線條優雅，葉片也極爲細緻，春芽是鮮嫩的紅，晚秋的葉則是火紅色，論姿色可能還略勝楓、槭。小苗時期分枝極爲不易，常修剪只會把它越剪越短越衰弱，不如任它生長至約筷仔般粗細，再攔腰剪斷促其分枝。它的汁液帶有毒性，皮膚較敏感的人無論如何都別去接觸它。

【取材與繁殖】

播種的發芽率極高，而且種子大小頗有差異，用來玩實生林的遊戲頗有趣，因爲只要一萌芽就已有高矮粗細不同的變化了。插枝也可輕易成活，但再提醒一次，皮膚敏感者千萬別碰。

此株已有十五歲的年紀了，幾年前的颱風天被飛落的瓦片打中了左半邊，只餘右半，雖仍活了下來，但頂上的腫塊也成了抹不去的痕跡。（盆高4公分）

科別：漆樹科
學名：*Rhus sylvestris*
生長形態：落葉小喬木
野外生長環境：中、北部低海拔山區
日照需求：半日照至全日照
土壤條件：一般壤土

茄苳需植入較大的盆才有較好的生長狀況，爲怕在大盆中顯得空洞，於是用石塊來填補空間，卻沒想到在不到三年的時間，它的根竟鑽入石縫中，自己變成了附石盆栽。（盆寬15公分）

科別：大戟科
學名：*Bischofia javanica*
生長形態：常綠大喬木
野外生長環境：平地至低海拔地區
日照需求：全日照
土壤條件：一般壤土

茄苳

【栽培照顧】

茄冬又名「重陽木」，枝粗葉大，並不適於小盆缽中生活，大約10公分直徑以上的盆缽才容易長得好。它的枝雖粗大，但含水量高並不紮實，栽培時最好等待枝條已呈茶褐色後，才修剪促發側枝，否則剪後極易造成枯枝。平日需較多的水分才能保持葉面完整光亮；細根發育相當快，約兩年就得取出，將過長的根系修剪之後再植回，因爲它的根也是含水高而相當軟嫩，一有擠迫的情形就會爛根。

【取材與繁殖】

在大樹下方往往有許多小苗萌生，可直接取材植於盆中，或在較低矮的枝頭摘取種子。

播種於盆中八年。茄冬的枝粗、葉大，含水量高，看來雖枝葉不多卻頗有重量，選用厚重的盆缽才能安然站立。（盆高4公分）

朴樹

【栽培照顧】

朴樹葉小枝密，能提供足夠的遮蔭面積，冬季落葉時，又能讓溫暖的陽光透射進來。它們的萌芽力相當強，耐得住經常修剪，是玩賞盆栽人士最適合用來作練習的素材。偶爾會有一枝兩枝突長的枝條冒出，發現了就立即剪除，否則會成爲那附近最粗最強壯的一枝，破壞外型的均衡也影響其他枝條的正常生長。每年入夏之後，可將葉片全部剪除，不久就會再發出更小更密的葉片，以替換遭蟲咬或烈日曬焦的老葉，就像換上新衣一般。

【取材與繁殖】

播種或扦插的成功率都極高；野生的小苗因直根極長，若要採集恐怕會造成地面有個大洞，而且拉扯的過程也容易脫皮而成活不易。

科別：榆科
學名：*Celtis sinensis*
生長形態：落葉喬木
野外生長環境：平野至低、中海拔山區
日照需求：全日照
土壤條件：砂質壤土

把小苗放入珊瑚礁的裂縫中種植了五年，兩者就再也分不開了。附石栽培時若選用的石塊較大，就不要放入勉可容身的小缽，這樣幾乎沒有裝盛植土的空間，爲了安全起見，應選擇較大的盆缽。（盆高4公分）

播種至今已有六年，利用摘除頂芽的手法使植株不致增高太快，這種下方較粗，漸至枝梢變細的樹型看來最爲自然，技術一點都不難，只需時間。（盆高3公分）

雀榕

【栽培照顧】

雀榕的生命力強韌，除了在空曠處能長得壯大之外，若靠近其他樹木或甚至就在其他樹上，也可能在日後以發達的根系將鄰居、寄主勒死；若萌發於牆邊、屋瓦上，也可能將之破壞無遺，但若將它們馴服於小小盆缽中，卻是樂事一件。盆中的雀榕枝葉不會太過繁茂，但葉型葉色都極爲優美，也不需太多的照顧，偶爾照自己的設計修剪一番即可。盆土保持稍乾的情況下，葉片會變小、變厚，看來更可愛。

【取材與繁殖】

播種、扦插都容易繁殖，但建議在住家附近的牆縫、山壁的排水孔採集，如此也能保護牆面與邊坡。

自牆角挖出後植入盆中兩年，若一直置於小缽中培養，壯觀的根基部就會更明顯。(盆高3公分)

科別：桑科
學名：*Ficus superba* var. *japonica*
生長形態：落葉大喬木
野外生長環境：平野至低海拔山區
日照需求：全日照
土壤條件：能適應任何土質

此曲折綿長的枝條，原本長在白千層鬆軟的樹皮內，這該是小鳥播的種吧！將這奇形怪狀的小樹取下，不僅救了白千層，還意外取得一株懸崖型的野趣盆栽。（上下45公分）

九芎

【栽培照顧】

九芎在本島可算是相當強勢的植物，花色有些灰白並不特別顯眼，但枝幹卻能以各種造型引人注目，它很少筆直生長，往往自行扭曲、轉折，但上方細枝仍然正常生長。成株的外皮會脫落，呈現出光滑的內皮，像似經過人工打磨一般。植入盆中後需保持盆土常濕，稍有過乾就會落葉，補充水分後雖然仍能萌發新葉，但多發生幾次就會有部份枝椏枯乾。枝條有橫向生長的傾向，利用這特性，將往上生長的長枝剪除，很容易就可塑造出雲片狀的枝型來。

【取材與繁殖】

河谷、山道邊，只要見著九芎大樹，附近就會有小苗萌發，取材容易。扦插的成功率很高，即便是老枝也可發根成活。

科別：千屈菜科
學名：*Lagerstroemia subcostata*
生長形態：落葉喬木
野外生長環境：低中海拔山區或溪流河床
日照需求：半日照至全日照
土壤條件：一般壤土
開花期：夏季

九芎發達的根系幾乎可以抓住任何材質的石塊，在培養盆中附石成功之後，移入淺盆，整盆看起來就有一柱擎天的感覺。（盆高1.5公分）

植物的生長並不能盡如人意，這株九芎的根竟只發展了半邊，於是在換盆時，乾脆把沒根的那面轉至上方，讓原有的一側根系繼續發展，就成了這伸手迎客的模樣，但枝椏伸長就容易摔出盆外，記得要固定好才行。（左右寬58公分）

九芎的生命力強，非常耐得住人爲的整修，原本圓胖的樹幹看來單調，切去側面的一半後，就變成歷盡滄桑的老樹型態，並且依然強健如昔。（盆高5公分）

園藝植物的另類栽培

大多數的園藝植物，都以長得茂盛繽紛作爲栽培目標，這樣的豐富之美自然也很能裝飾住家。經過前幾篇野草盆栽的示範，或許您也想將家中原本茂盛的植物改頭換面，呈現另一種優雅氣質的盆景培育，那麼，您不妨試試從這些方向下手：改變盆缽與植物的配置、盆面略做修飾、附石或配青苔、植物只留下簡單的造型枝條、讓它們更迷你、更矮化，這樣的改變之後，是不是就出現更有味道的植栽了呢？

石上蓮花

景天科的多肉植物，多數葉片都具有繁殖的功能，利用它天生耐旱的特性，育成附石盆栽極爲合適。摘取石蓮結實飽滿的葉，葉片先置於一旁讓小傷口風乾；趁此時間（約一小時）就可來挑選整理石材。石質堅硬的話，石上的裂縫至少要有一公分以上的深度；質地輕鬆的石材，縫隙孔洞只要與葉片厚度相若即可。石材要浸入水中吸飽了水再取出，靜置幾分鐘後觀察這些裂縫洞穴是否有積水的情形，要是過了一陣子仍是滯水未消，那麼就得放棄在這些位置種植，石蓮是非常怕潮濕的，勉強栽植也難以成功。確定栽培位置後，將葉片尖端朝外，葉基部置入縫隙中，大約三分之一的葉片能進入即可，每個葉片的厚薄不同，石縫的寬窄也不同，以葉片輕輕一推入就能卡住的情形最爲理想，若略有鬆動，可用一小塊薄木片或一小段火柴棒、牙籤頂住，或使用橡皮筋輕束於石上也行，但勿將葉片強行塞入太小的縫隙，破碎的葉片很快就會腐爛。

幾星期後，葉柄處會先長出細細的根絲往石塊內部發展，接著冒出稚嫩的小芽朝外發展，這段過程會依家中環境（溫度、濕度、日照、通風）而有快慢的差異，也許一兩個月後仍無動靜，但只要葉片完整未見萎縮，就有成功的機會，可不要有拉出來看看的念頭。等新生的嫩芽逐漸粗壯後，老葉片會漸乾縮最後自行脫落，千萬不要心急而強行介入，若爲了美觀想將老葉片去除，就可能把尚未牢固的細根扯出來或折斷。等新苗長出後，石上蓮花也就完成。

石蓮的附石栽培

1.準備石材、一株石蓮、橡皮筋數條。

2.以左右搖動方式，小心剝取葉片。

3.將葉片置入縫中，較大的孔洞也可放入整個莖端。

4.用橡皮筋將葉輕輕固定於石上。

小型品種的石蓮，完全成熟後也不過二、三公分高，它們由基部發出走莖，走莖末端會有新株出現，若採用較小的新株植入極小的空間，還能變得更小。（石寬度6公分）

放置於牆頭的石蓮，不知何時被伏石蕨看上了，粗糙的石面很適合它攀爬的特性，不久也就慢慢蔓延開來。伏石蕨的生長能力肯定強過石蓮，要注意別讓它過於茂盛而影響了石蓮的生長空間。

豬籠草變成桌上小品

豬籠草品種極多，主要分佈在東南亞等熱帶地區，引進國內栽培爲觀賞植物已有多年，它本是攀緣植物，葉尖發展爲可捕蟲的籠子，若施以重肥，這些籠子不會形成，只會是一段捲鬚。雨林中的濕度較高，在家中栽培時，可在籠子內裝入約三分之一的水，它們可由此吸收補充水分，因根系並不發達，若盛裝太多水增加太多重量，植株會傾斜下垂。用扦插法就可輕易繁殖，取扦插後得到的新株前端之新枝再扦插，就能得到更小的植株，如此反覆過三、四次之後，所得植株已經非常袖珍了，將它種在小小的盆缽裡，就能一直維持迷你的小品。天冷時要移入室內明亮處，豬籠草是很怕冷的。

豬籠草的捕蟲壺由於重量關係會往下垂，使用高盆能避免壺底因摩擦而破損，而且也能表現懸掛在半空中的美感。

播種後半年的的生長情況。隨著小苗越來越強壯，彼此發生嚴重推擠，必須用鑷子將部分間拔，由於莖上都是細小的刺，千萬別想徒手摘除。

火龍果的仙人掌草原

果肉含有大量種子，發芽率極高，長出的小苗耐旱能力驚人，是很好照料的植物。播種時要將細小的種子挑出很麻煩，只要挖取一塊果肉壓扁後鋪於盆土中，上方再覆上約〇．五公分的細砂，就能順利發芽，隨著成長的情況，慢慢將太密集的小苗間拔一些，可以維持兩年的仙人掌草原觀賞期。

（全株高35公分）

粉撲花展現優雅樹姿

粉撲花雖是外來植物，但早已馴化，栽植爲綠籬相當普遍，它是豆科植物，擁有一身細密枝葉。葉片在夜間及強烈日光照射下也會合起，它需要較多的水分，過乾時會把一身綠葉都落光以減少水分蒸散，若盡快補充水分，大約十幾天會再萌生新葉，雖然有這種自保能力，但讓這種事發生兩三次以後就別想有花可賞。花苞都著生在枝頭上，所以修剪樹姿最好在花後進行。粉撲花的枝椏瘦長、節間較寬，並不適合培養茂密的姿態，任疏鬆的枝條、細緻葉片自然生長，才能有優雅的感覺。保持枝椏疏鬆也才能使下方枝葉接受日光，通風狀況良好葉片才不致經常變黃脫落。扦插在春、夏都可，春季用綠枝，夏季用成熟枝當插穗。

茉莉花的瘤幹栽培

用扦插法取得茉莉花今年生的成熟枝條，保留四個葉片，但把葉片剪去一半，可減少水分需求，也較不易搖動，扦插用土常保濕潤，這樣大約兩個月就能發展出好幾條根來。春季一來，新生枝條稍硬化後，花苞隨著出現，花後可將花枝剪短，新芽發出後又會帶來新花苞。根基部很容易長得奇形怪狀，有時如瘤，有時如塊狀，樹齡高的植株更是明顯，在每次的換盆時，不妨稍稍將根基部露出土面，幾次之後，就能栽培出小小的老幹開花景象。

（盆高3公分）

（盆高2.5公分）

栽一叢迷你菊

菊有許多園藝品種，選擇多年生的種類，才能培育成矮化叢生的可愛模樣。先把植株培育得又粗又高，然後在只高出土面數公分處截斷，促使基部發出幾個小芽，這些小芽的位置若太相近，可去除一些，小芽往上生長稍粗後，再判斷是否修剪及修剪的位置，如此反覆幾次就能得到一叢健康又飽滿的迷你菊花。在每次剪斷後至新芽長出前，要減少約一半的給水，才不會因少了葉片的蒸散作用而過濕爛根。剪取較粗的枝條扦插不但成活率高，也可節省許多培育時間。

雪茄花的附石栽培

雪茄花算是極好種的園藝植物，枝密、葉細，只要日照充足，長筒狀的小花會不斷冒出。它的根細密生長迅速，在小盆中大概每年都得更換植土並修剪根系一次，才能維持健康生長；根雖細，但穿透力與附著力都不錯，附在質地較鬆的石上很容易就能結合，但需要選用稍大的盆缽，因石塊本身會佔據相當多的位置，植土不足就長不好了。扦插就可成功繁殖，選用已硬化的老枝能節省不少時間。

（盆高5公分）

文竹與武竹的露根

文竹、武竹常作爲陪襯裝飾的植物花材，單獨植於盆中較顯單調，不過若能維持盆土稍乾的狀態，植株會變得比較緊密，若能在春夏兩季實施一次重剪（即全株自土表以上全部剪除），那麼重新生長出來的枝葉就會變得更矮化，更細緻，如此一來，就適合種植於極小的盆缽中了。

文竹、武竹都適合表現露根，武竹一粒粒的塊根原本是埋藏於土中的，種植時將它露出，顏色會由白轉變爲灰褐色，很是特別。偶爾在文竹葉片上噴水也會使葉片更爲翠綠，在夏季能防止葉尖變焦變黃。繁殖可用分株法，將母株根部稍作清理後，按自己理想中的大小分割成數叢。

文竹（盆高3公分）

武竹（盆高3公分）

小小葉的麻葉秋海棠

麻葉秋海棠的植株不小，露地栽培時可超過一公尺高，通常盆中栽植也約有30公分左右，這麼大的體型並不適合家中角落的擺飾，但若由成株上剪取一小截成熟的粗枝（帶有越多芽點越好），斜插於鬆軟、不易積水的植土中，就能發根發芽，等葉片長出後一次全部剪除，下回再長出的葉會小一半左右，待這些已變小的葉片成熟硬化後再剪一次，如此反覆幾次，就能把原本大型的植物變成圖中小巧可愛的體型，而且這體型還能繼續維持下去。

（盆高6公分）

種一株月季樹

月季是台灣農村常種植的薔薇科植物，它的枝容易伸長，葉片也不算太小，植在盆中要勤於修剪才能保持嬌小的模樣，每次花後就將開花枝剪短至只餘一兩節的長度，很快會萌出新芽，並在尖端帶來一朵花，它們的花朵只開在新枝上，花後修剪才能常保有花，但也因常修剪的緣故，除了主幹維持原狀外，整株外型會不斷改變，這也是栽培薔薇的樂趣之一。盆中所見的小小薔薇樹是扦插後五年，因經常修剪形成的扭曲樹幹。

（盆高3公分）

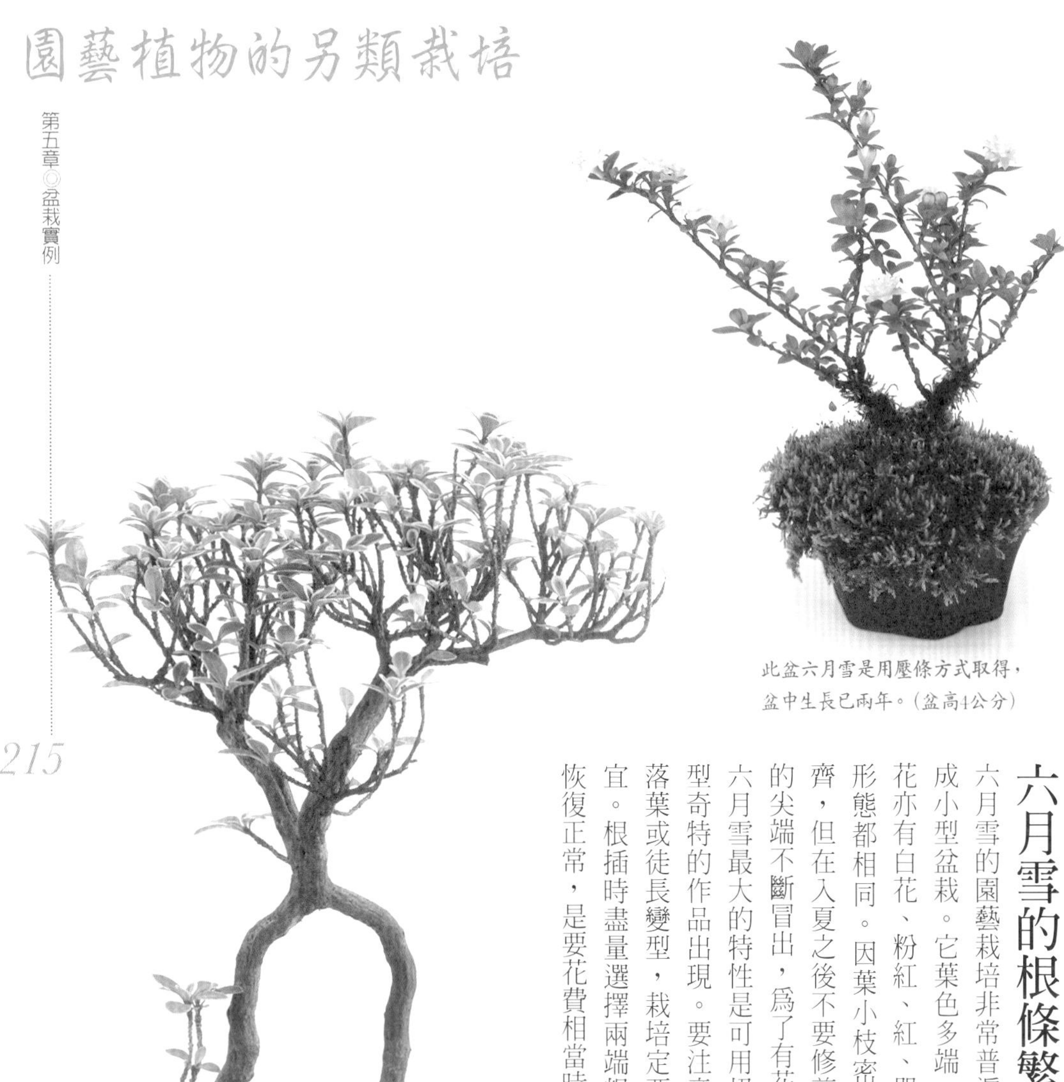

此盆六月雪是用壓條方式取得，盆中生長已兩年。（盆高4公分）

五年前選用一條分叉的根條埋入土中，只露出頂部一小截，如今已不易想像當初的模樣。（盆高3公分）

六月雪的根條繁殖

六月雪的園藝栽培非常普遍，常用來作爲綠籬、編排圖形、造型修剪成小型盆栽。它葉色多端，有全綠、白邊、白斑，甚至接近全白的；花亦有白花、粉紅、紅、單瓣、重瓣，但無論葉色、花色如何，生長形態都相同。因葉小枝密，需經常修剪才能保持內部通風及外型整齊，但在入夏之後不要修剪得太短，天熱之後小花苞會在每個小分枝的尖端不斷冒出，爲了有花可賞，需等待天涼花謝之後再修剪。

六月雪最大的特性是可用扭曲怪異的根來繁殖，因此很容易就能有造型奇特的作品出現。要注意的是，它們不耐陰，擺置室內幾天就開始落葉或徒長變型，栽培定要在陽光充足處，室內擺飾也只以兩三天爲宜。根插時盡量選擇兩端粗細接近的根條，否則要將上粗下細的情形恢復正常，是要花費相當時日的。

枇杷果樹林

枇杷的發芽率極高，有些果實中會有一粒大種子，有些則可能有二～三粒較小的種子，吃完枇杷可利用這些種子作出有趣的小森林，較大的種子會萌發較大的新苗，可把大種子安排在盆的中央位置，外圍則排列較小種子，一發芽就能有不錯的景緻，不妨多播一些，待萌芽後覺得位置不佳或太擁擠的再拔除。養在盆中的枇杷，不太會分枝而且葉片不小，可在新葉硬化後將葉片全部剪除，大約兩星期左右會由舊葉柄處長出比原先小一些的新葉，一年中若修剪葉片約三、四次，葉片就能縮小至較理想的程度，但不可操之過急，務必等每次萌發的葉片都已成熟，也以光合作用的方式替自己存下一些養分後，才能動手。

（盆高3公分，播種後五年）

清爽的竹盆景

竹類喜歡半日照且微濕的環境，土質以鬆軟的壤土爲宜，它們生長迅速，尤其藏於土中看不見的竹鞭（地下莖）更是活力十足，在小盆中，大約每隔兩年就需取出剪除盤於四周的多餘竹鞭，時間拖長了會使盆土變緊、變硬，開始生長不良，同時也不易由盆中取出。剪斷的竹鞭可埋於其他盆中，很容易就能繁殖出新株。竹類的優雅風情是由柔軟的枝梢散發出來，盡量別自竹桿中段剪斷以求矮化，那會變爲硬梆梆的竹樁，失去了竹的飄逸，應由控制水分來抑制增高，只要保持盆土濕潤甚或有時稍乾一些，在能夠適應的情況下就不需多給水。另外，將枯黃的竹籜仔細剝除，是保持整個竹盆景清爽的小竅訣。

鵝掌藤的多幹造型

鵝掌藤是常見的室內觀賞植物，優雅清爽的樹型沒什麼病蟲害，除非急著把它種大，否則就不需施肥，這樣可以維持理想的樹姿，很久都不需動手修剪。它相當耐旱，過濕又通氣不良生長才會受威脅，常見盆缽底下置了一個水盤，盤內還有積水，這就是生長不良的主因，裝置水盤是防止盆土滲出或澆水時水分溢流的保護，而不是用來裝滿水、幾天不用澆水的省力方法，通常十天不澆水尚且無虞。選細小的枝來扦插能培育成可愛的小型盆栽；用壓條方法就能取得雙幹或多幹的樹型。此外，它的氣根比起榕樹也不遑多讓，下圖就是在淺盆中植了幾年的光景，由於下方空間有限的刺激，竟也垂下伸入土層的根來。

（盆高2公分）

（盆高3公分）

洋紫荊的反覆移植

洋紫荊是極爲健壯的樹種，耐旱、抗旱、生長快速。然而一到盆中，它的生長就變得極其緩慢，因爲它的根系其實需要較大的空間，不過，也就因爲這個理由，做爲盆栽樹種正合適。在盆中它不會胡亂生長，省去了經常修剪的麻煩，但卻能欣賞它逐漸老化的美感。扦插的成功率極高，可選取略具姿態的枝條作爲插穗，稍加以時日便有不錯的樹型出現。圖中植株即是在五年前利用叉枝部分扦插培養至今的成果。修剪與換盆都可以好幾年才進行一次。

像洋紫荊這類盆中生長緩慢的樹種，雖經常在素燒盆中培育，但偶爾也可將它移至成品盆中觀賞，幾個月後再移回素燒盆中，這樣的反覆移植不但不會造成傷害，反而可刺激生長情況。

（盆高2公分）

珊瑚刺桐的樹頭開花

珊瑚刺桐樹幹上的裂紋與鮮紅的花朵極引人注目，只要日照充足，在盆中栽培也能開出動人的花朵。爲了產生更多花朵，利用修剪來萌發新枝是必要的工作，但絕對不能操之過急，嫩綠色的枝條尚未成熟，莖是中空的，一旦剪了，不但不萌新芽，連原有的枝都可能枯乾，須待枝條略呈灰白色且硬化之後才能剪短。此植物相當耐旱，盆土過濕非但不易開花且易造成爛根，並可能向上蔓延造成樹身下半截也腐朽。扦插時，選擇外皮已呈褐色的成熟枝條、嫩枝的中心部位是空的，插入土中極易腐爛，即使發根了，日後生長也不好。

(全株左右長60公分)

植物中文名索引

植物學名索引

綠指環生活書2

野草盆栽

野生草木的氣質栽培

作　　者／林國承
盆栽攝影／連慧玲
野外植物攝影／徐偉
副總編輯／徐偉
主　　編／張碧員
美術設計／徐偉
發 行 人／何飛鵬

法 律 顧 問／台英國際商務法律事務所 羅明通律師
出　　版／商周出版
台北市中山區104民生東路二段141號9樓
電話：02-25007008　傳眞：02-25007759
E-mail：bwp.service@cite.com.tw

發　　行／英屬蓋曼群島商家庭傳媒股份有限公司城邦分公司
台北市中山區104民生東路二段141號2樓
客服服務專線：02-25007718；25007719
24小時傳眞專線：02-25001990；25001991
服務時間：週一至週五上午09:30~12:00；下午13:30~17:00
劃撥帳號：19863813；戶名：書虫股份有限公司
讀者服務信箱：service@readingclub.com.tw
網址：http://www.cite.com.tw

香港發行所／城邦（香港）出版集團有限公司
香港灣仔駱克道193號東超商業中心1樓
電話：25086231 傳眞：25789337
馬新發行所／城邦（馬新）出版集團
Cite(M)Sdn.Bhd.(458372U)
11,Jalan 30D/146,Desa Tasik,Sungai Besi,57000,
Kuala Lumpur,Malaysia
電話：603-90563833 傳眞：603-90562833

印　　刷／卡樂彩色製版印刷有限公司
經 銷 商／聯合發行股份有限公司
新北市231新店區寶橋路235巷6弄6號2樓
電話：02-29178022 傳眞：02-29110053

行政院新聞局北市業字第913號

2006年7月初版　定價480元
2017年6月23日初版11刷
定價480元
ISBN 978-986-124-704-5
商周部落格：http://bwp25007008.pixnet.net/blog
Printed in Taiwan

國家圖書館出版品預行編目

野草盆栽 / 林國承著.連慧玲攝影.——初版.——
臺北市：商周出版：家庭傳媒城邦分公司發行，
2006[民95]
面； 公分.——（綠指環生活書；2）
含索引
ISBN 978-986-124-704-5（精裝）
1.盆栽 2.園藝
435.8　　95012425

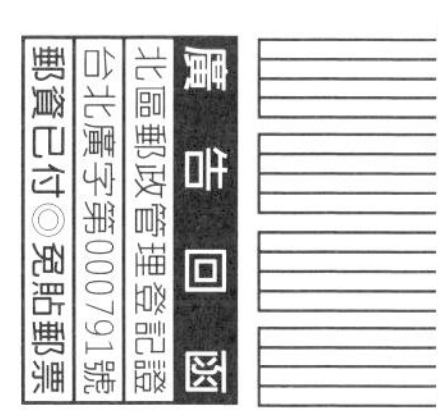

商周出版　收

英屬蓋曼群島商家庭傳媒股份有限公司　城邦分公司

104

台北市民生東路二段141號2樓

《請沿虛線剪開》

綠指環圖鑑書

可以輕鬆閱讀，值得珍藏又實用的自然圖鑑

賞葉-----葉生活&葉形圖鑑

張碧員著◎林麗琪繪圖　定價480元

全書分為兩個部份：「葉生活」分十八篇章，敘述各種奇形怪狀的葉子演化形成的背後緣由。「葉形圖鑑」羅列一百多種常見而特殊的植物的葉。三百多幅的葉子植物畫，皆來自著名植物畫家林麗琪的細膩描繪。

雁鴨-----台灣雁鴨彩繪圖鑑

蔡錦文著　定價450元

本書介紹台灣41種雁鴨，並附有飛行、立姿的快速辨識，讓想要欣賞雁鴨的民眾，除了作為辨識圖鑑，更可在家翻閱欣賞作者精湛的雁鴨彩繪。本書奧杜邦式的古典畫風，幅幅沈靜幽雅，是實用又具有收藏價值的圖鑑書。

鳥羽-----台灣野鳥羽毛圖鑑

祁偉廉著◎蔡永和攝影◎徐偉、蔡錦文繪圖　定價680元

本書蒐羅了台灣一百餘種近三千枚的鳥類羽毛，以實物大小的方式陳列。本書從蒐集羽毛，到鳥羽拍攝與編輯，過程困難重重，成書後被譽為相當具有國際水準，不管你喜歡鳥、羽毛或是「美的事物」，都該擁有本書。

＊詳細內容介紹與訂購，歡迎閱覽各大網路書店
博客來網路書店 http://www.books.com.tw/
金石堂網路書店http://www.kingstone.com.tw/

商周　綠指環讀友服務卡

嗨！很高興你閱讀這本商周出版的綠指環自然叢書，這張服務卡能傳達你的需要和期望，也能讓我們不時為你提供綠指環的最新出版訊息，誠摯邀請你成為綠指環的讀友，並感謝分享與指教。

姓名：　性別：□女 □男　民國　年生

地址：

電話：　傳真：

E-MAIL：

購買的書名：

你從何處知道本書？

□書店 □網路 □報紙 □廣播 □本公司書訊 □親友推薦

□其他

你通常以何種方式購書？

□書店 □網路 □傳真訂購 □郵局劃撥 □其他

你喜歡哪些類別的自然產品？

□動物圖鑑 □植物圖鑑 □鳥類圖鑑 □自然文學 □自然生活

□人物傳記 □知識百科 □博物誌 □兒童繪本 □文具禮品

□其他

對本書或綠指環書系的建議：

《請沿虛線剪開》